허걱!! 세상이 온통 과학이네

허걱!! 세상이 온통 과학이네

1판 1쇄 인쇄 2007년 6월 15일
1판 10쇄 발행 2014년 7월 7일
2판 1쇄 발행 2017년 7월 17일
2판 2쇄 발행 2021년 3월 10일

지은이 최은정

발행인 양원석
편집장 최혜진
영업마케팅 윤우성, 박소정
펴낸 곳 ㈜알에이치코리아
주소 서울시 금천구 가산디지털2로 53, 20층(가산동, 한라시그마밸리)
편집문의 02-6443-8892 도서문의 02-6443-8800
홈페이지 http://rhk.co.kr
등록 2004년 1월 15일 제2-3726호

ISBN 978-89-255-6204-9 (43400)

만화책처럼 재미있고
성적은 쑥쑥
오르는 과학 이야기

허걱!! 세상이 온통 과학이네

과학분야 최장기 베스트셀러

과학교육학 박사
최은정 지음

추천사

교과서에서 공부하는 과학을 일상생활 속에서 발견하는 재미를 알 수 있게 해 주는 책이다. 학생들은 이 책을 읽음으로써 어려운 과학 원리를 아주 쉽게 이해할 것이며, 과학을 보다 가깝게 느끼게 될 것이다. 또한 이 책은 과학을 공부하는 학생뿐 아니라 대학에서 과학 교육을 전공하거나, 재미있고 새로운 방식으로 과학을 가르치고자 노력하는 교사와 강사들에게도 큰 도움이 될 필독서이다.

강순자 *(이화여대 과학교육과 교수, 현 이화금란고등학교 교장, 전 이화여대 사범대 학장)*

과학 실험을 만화 보듯, 유머집 보듯 즐기면서 배울 수 있는 책을 발견하기란 정말 어렵다. 과학 실험의 '고수'인 최은정 박사의 책을 발견한 것은 그런 점에서 행운이다. 톡톡 튀는 문체와 과학 현상을 영화 보듯 보여주는 정교한 사진들은 책을 손에서 놓지 못하게 하는 마력이 있다. 책을 보고 있노라면 직접 실험을 하지 않아도 마치 실험실에서 교사와 함께 비커 등 실험 기기를 들고 실험하는 기분을 느낄 정도다. 초 · 중 · 고등학교에서 주요 과학 실험과 원리를 공부하다 막혔던 경험이 있는 학생이라면 이 한 권의 책이 시원하게 뚫어 줄 것으로 기대된다. 실험만큼 과학 지식의 탄탄한 기반을 마련해 주는 것도 드물다.

박방주 *(공학 박사, 중앙일보 과학 전문 기자)*

라면 국물이 넘쳤을 때 불꽃 색상이 변하는 이유, 엘리베이터를 탔을 때 사람의 몸무게가 달라지는 이유 등등 일상생활 속에서 무심코 지나치기 쉬운 단순한 '사실'들을 가치 있는 '정보'로 재탄생시키는 능력을 가진 과학계의 팔방미인, 최은정 박사님! 대한민국 주부들의 과학 전도사를 자처하며 집 안 곳곳에 숨어 있는 생활 속 과학들을 발견해 속 시원하게 해결해 주었던 그녀의 노하우가 가득 담긴 책. 이 책을 덮는 순간 과학 상식이 업그레이드됨은 물론이고, 남녀노소 누구라도 과학이 어렵다는 편견을 버리게 될 것이다.

이정명 *(MBC 방송 작가)*

이 책을 읽는 전국의 애제자들~

아~ 반갑당! 이렇게 책을 통해 울 애제자들을 만나게 될 날을 꿈꿔 왔는데, 드~됴 쌤이 소원을 이루었구나(핫! 쌤의 책을 읽는 독자는 모두 쌤의 애제자!). 쌤은 이화여대 과학교육과에 입학한 날로부터 지금까지 과학 교육의 외길을 걸어왔단다. 과학교육과를 졸업한 후 같은 대학에서 석사 과정을 마치고, 또 멀티미디어 과학 교육과 관련한 박사 학위 논문으로 과학교육학 박사 학위를 받았단다.

쌤은 EBS 방송 강의와 엠베스트 인터넷 강의를 통해 전국의 애제자들에게 과학 탐구 영역과 과학 논술 강의를 하고 있으며, 1995년 이후부터는 이화여대와 단국대 과학교육과, 건국대 교직과, 서울교대와 경인교대에서 앞으로 과학 교사나 초등학교 선생님이 될 학생들을 대상으로, 그리고 가톨릭대 대학원에서는 현직 과학 선생님들을 대상으로 강의를 하고 있어서 그야말로 대한민국 과학 교육 전 과정을 꿰뚫고 있는 과학 교육 전문가라고 자신한단다. 흠흠 (^^)/

쌤이 살아가면서 생각하는 건 오로지 하나란다. 과학을 교과서 안에만 존재하는 것, 지루하고 어려운 것, 시험을 위해서 억지로 공부하는 거라고 생각하는 울 애제자들에게 과학이 사실은 재미있는 과목이란 걸 깨우치는 것, 그리고 울 애제자들이 생활 속에 숨어 있는 여러 가지 과학 원리를 찾고 정말로 과학을 즐길 수 있게 하기 위해 노력하는 거란다. 이것이 바로 쌤의 삶의 목적이지.

그래서 쌤은 늘 우리 생활 속 어디에 과학 원리가 숨어 있는지 찾기 위해 눈에 불을 켜고 다닌단다. 필요한 동영상을 촬영하고, 녹화하고, 때로는 영화나 TV 프로그램에서 과학 원리가 그대로 표현된 장면을 캡처하여 편집한 다음 여러 가지 흥미로운 멀티미디어 과학 자료를 만들기도 하지. 그뿐만이 아니란다. 과학 논 · 구술의 소재가 되면서 동시에 STS 교육을 할 수 있는 신문 기사를 스크랩하기도 한단다. 이처럼 제대로 된 교육을 하려면 준비와 정리에 정말 많은 시간이 필요하고 그만큼 힘들지만, 쌤은 '실험'을 통해 발전한 학문인 과학을 가장 과학답게 가르치기 위해서 강의마다 직접 '실험'을 하고 있지. 이렇게 쌤이 살아가는 것, 생활 그 자체가 바로 과학이란다! My life is Science!

그리고 2005년 5월부터 MBC 〈정보토크 팔방미인〉 '생활의 발견' 코너에 매주 고정 출연해 온 것을 비롯해 최근에는 SBS 〈모닝와이드〉 '조영구의 별난 정보' 코너와 MBC 〈아하, 그렇구나!〉, KBS 2 〈감성매거진 행복한 오후〉 등의 TV 프로그램에 과학 실험 전문가로 출연하여 시청자들에게 생활 속에 숨어 있는 과학 원리를 알려 주고 있단다. 실험을 준비하고 촬영하는 시간은 대단히 많이 걸리지만 시청자들의 과학적 소양을 높여 주는 일을 한다는 데에 큰 보람을 느끼고 있지.

쌤은 울 애제자들이 재미있게 읽는 사이에 저절로 과학 원리들이 머리에 팍팍

박히는 그런 책을 쓰고 싶었단다. 이 책이 울 애제자들에게 그런 책이 되기를 간절히 바란당~^^

이 책을 읽고 난 후 바닷가에 놀러 가서 그 해수욕장의 모래는 어떤 광물로 이루어졌는지 한 번 더 보게 되고, 라면을 끓이다가 국물이 넘쳐서 불꽃색이 변할 때는 "흠~ 나트륨 때문이군!" 하고 생각하게 되고, 또 책가방을 쌀 때 지레의 원리를 생각하여 무거운 걸 위쪽에 넣는다면 쌤의 책에 제대로 중독된 거란다. 교과서 안의 과학 지식들이 우리 생활 속으로 '짠!' 하고 튀어나오는 것을 느끼게 될 거야~.

울 애제자들이 모두 이 책을 읽고 나서 덩말 덩말 과학을 좋아하게 되고, 좋아하니까 열씨미 공부하고, 그러다가 보너스로 과학 성적이 쑥쑥 오르는 경험을 하게 되길!! 쌤이 긴 세월 동안 노력하고 쌓아 온 노하우를 울 애제자들에게 다~ 전수해 주마! 자~ 그럼 이제 책장을 넘기고 쌤의 드넓은 과학 세상에 푹 빠져 보렴. 으하하하! _(≥▽≤)ノミ☆

최은정 쌤

개정판을 출판하면서 전국의 애제자들에게~

뜨아~ 십 년 만에 우리 애제자들을 다시 만나게 되어 너무너무 기쁘구나!! 이렇게 개정판을 발행하면서 새로운 서문을 쓸 수 있어 정말 영광이고, 이게 다 우리 애제자들 덕이라고 감사의 말을 전하고 싶구나~ 꾸벅! (_ _)

에~이렇게 십 년이라는 세월 동안 쌤이 더 늙고 더 중력이 늘어난 것 외에, 무엇보다 큰 변화는 교육과정의 변화라고 할 수 있겠구나. '2015개정 교육과정'이 2018년부터 바뀌는 교과서에 적용이 된단다.

새 교육과정의 핵심 키워드는 '모두를 위한 과학(Science for All)'이고, 과학적 소양을 함양하고 과학 탐구 방법을 습득하고 또한 과학이 학생의 적성을 고려한 진로교육이 될 수 있도록 하는 것이란다. 특히 과학과 핵심 역량(과학적 사고력, 과학적 탐구 능력, 과학적 문제 해결력, 과학적 의사소통 능력, 과학적 참여와 평생학습 능력)을 길러야 한다고 강조하고 있단다.

바뀌는 내용에 대해 중학교 과정부터 살펴보면, 원래 중학교 교과서는 물리, 화학, 생물, 지구과학의 내용을 학년별로 균등하게 배분했었는데 새 교육과정에서는 학년이 올라가면서 현상과 실생활 소재 중심에서 개념 중심으로 구성했단다. 그러면서 통합단원(과학과 나의 미래, 재해 재난과 안전, 과학과 현대 문명)이 신설되었지.

또, 고등학교 과학교육과정의 새 교육과정에도 큰 변화가 있는데, 이전 교육과정의 고등학교에서 배우는 과학은 전과목이 선택과목이었단다. 그래서 학교마다 과학을 공부하는 과목이 달랐어. 고1에서 융합과학을 공부하는 학교도 있고, 생명과학 I 을 공부하는 학교도 있었지. 그런데 새 교육과정부터 문·이과 모든 학생이 필수로 이수해야 하는 과학 공통과목이 생겼단다. 바로 '통합과학'과 '과학탐구실험'이야. '통합과학'은 자연 현상에 대한 핵심 개념을 중심으로 물,화,생,지 로 나누는 지식수준을 넘어 다양한 형태의 통합을 시도해 융· 복합적 사고력 신장이 가능하도록 구성된 과목이란다. 그리고 '과학탐구실험'은 초등, 중등에서 '과학'을 학습한 우리 학생들이 즐겁게 실험 활동을 경험할 수 있도록 워크북 형태로 구성된 과목이란다. 지구에서 살고 있는 우리가 일상적으로 체험할 수 있는 탐구활동을 중심으로 다루고 있지.

아~ 진짜 쌤이 자랑이 아니라 사실을 얘기하는 거지만, 바뀌는 새 교육과정을 살펴보면 쌤이 이미 십 년 전에 출간했던 이 책에서 늘 강조하던 것이 그대로 새 교육과정에서 강조하고 개정된 부분이란 걸 알 수 있지 않니. 쌤이 미래교육을 내다 본 사람이 되었더라고. 쌤이 과학을 가르치는 방식대로 교육과정의 변화가 쫓아온 거란다. 와우~ 진짜 멋진 일이야! 으하하하!! (이렇게 써놓고 보니 아무래도 자랑한 거 같아 손발이 다 오글거리는구나! 흐윽)

쌤이 과학을 가르치고, 책을 쓸 수 있었던 건 과학이 '실험'을 통해 발전한 학문이니 '실험'을 통해 배워야 하고, 또 교과서 속 과학개념을 생활 속에서 찾으면 어느새 그 원리를 쉽게 깨우치게 된다는 확신을 가지고 있어서야. 쌤은 과학이라는 과목의 특성에 집중해 기본을 강조한 것이 옳았다는 사실을 새 교육과정의 변화를 보면서 확인할 수 있어서 정말정말 기뻤단다. 새 교육과정의 내용이 발표된 것을 확인하고 혼자서 내내 ㅋㅋㅋ하면서 너무 좋아하면서 웃었지! ㅎㅎㅎ 그래서 이 책을 다시 출간할 수 있게 된 거란다. 쌤의 책이 앞으로 십 년, 이십 년 나아가 더 오래오래 버틸 수 있으리라 기대해 볼 수도 있게 되었지.

그럼 이 책에서는 도대체 어디를 개정했냐구?? 쌤 책이 바로 '교과서와 연계한 최초의 과학교양서'아니겠냐? 아무데나 최초란 표현을 쓰는 게 아니지! 그럼그럼. 각 장 마지막에는 '교과서 어디?'라는 코너가 있는데, 생활 속에서 발견할 수 있는 재미있는 과학 이야기가 교과서 어느 부분에서 다루고 있는지 학년과 대단원명을 찾아서 일일이 다 적어 놓았단다. 이런 식의 포맷을 개발해서 학년별 교재가 아닌 단행본 과학 교양서에 적용한 건 쌤이 최초로 아이디어를 내어서 실행한 것인데, 그 부분을 이번에 2018년부터 시행되는 새 과학 교과서에

맞춰서 싹~ 개정했단다.

이 책을 술술 읽다보면 과학적 사고력, 과학적 탐구능력, 과학적 문제 해결력, 과학적 의사소통 능력과 같은 핵심역량이 저절로 키워지는 건 물론이고, 무엇보다 과학 성적을 올리는데 완전 도움이 될 거란다. 어떻게 확신하냐고? 이 책을 읽고 아이가 과학을 좋아하게 되면서 과학 성적이 올랐다는 어머니들의 후기와 입소문 덕에 이 책이 꾸준히 팔렸다는 게 그 증거 중 하나라고나 할까 ㅎㅎ핫 그리고 개정판 서문을 마무리하면서 우리 애제자들에게 부탁하고 싶은 게 하나 더 있어. 쌤이 살아보니 노력한 만큼의 보상은 언제든 꼭 돌아오더라. 내가 원하는 걸 이루지 못했을 때 곰곰이 생각해보면, 원인은 나의 노력이 부족했던 거더라고.

우리 사랑하는 애제자들! 안타깝게도 미래는 절대 장밋빛이 아닐 수 있단다. 경쟁이 더욱 치열해질 험난한 미래 세상에서 우리 애제자들이 원하는 직업을 선택하고, 하고 싶은 일을 하면서 살아가기 위해 꼭 필요한 공부에 집중하고 노력하는 하루가 되기를!!

아자!! 홧팅 (^^)/

최은정 쌤, 최고의 과학 실험 전문가 · 과학 교육 전문가로서 방송 출연 중!

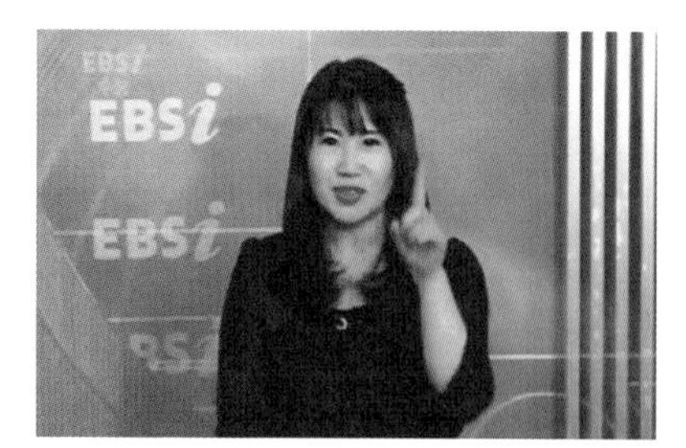

MBEST 인터넷 강의와 EBS 방송 강의

KBS 아침마당

KBS 여유만만

MBC 정보토크 팔방미인

SBS 〈생방송 투데이〉

MBN 황금알

TV조선 최현우 노홍철의 매직홀

YTN최은정의 사이언스쇼

감사의 글

에~ 멋진 추천사를 써 주신 분들께 깊이 감사드립니다. 지도교수님이시자 제 인생의 스승이신 존경하는 강순자 교수님, 최근에 제가 이룬 많은 것들을 가능하게 해 주신 이정명 작가 선생님, 정말 고맙습니다. 그리고 최고의 과학 전문 기자이신 박방주 기자님께서 추천사를 써 주셔서 큰 영광입니다. 바쁜 시간을 쪼개 책의 내용을 꼼꼼히 감수해 주신 신동희 교수에게는 친구이지만 존경한다는 말을 전하고 싶습니다.

그 외에도 항상 염려와 사랑으로 보살펴 주시는 시부모님, 편안한 노후 생활을 포기하고 모든 뒷바라지를 다 해 주시는 부모님, 사랑하는 동생들과 시동생 내외들, 또 항상 든든한 버팀목이 되어 주는 남편과 바쁜 엄마를 잘 이해해 주는 착한 울 아들에게도 진정 감사의 마음을 전합니다. 늘 용기를 북돋아 주는 김갑영 언니, 친구 오기남, 후배 황혜진에게도 평소 못했던 고맙다는 인사를 전합니다. 마지막으로 저의 조타수가 되어 주시는 최고의 작가 유혜영 쌤과 오랜 기간 제 일을 잘 도와주고 있는 멋진 홍경표 조교쌤께도 감사의 말을 전합니다.

차례

추천사 004

이 책을 읽는 전국의 애제자들~ 006

개정판을 출판하면서 전국의 애제자들에게~ 010

감사의 글 015

01 엘리베이터를 탔더니 몸무게가 변하네! 바로 '관성' 때문이야~ 019

● 과학 과목 : 물리 ● 관련 개념 : 뉴턴의 운동 제1법칙(관성의 법칙)

02 '지레'의 원리, 가방 끈은 짧아야 가볍다! 035

● 과학 과목 : 물리 ● 관련 개념 : 일의 원리 – 여러 종류의 지레

03 숟가락은 오목거울도 되고 볼록거울도 되지!! 049

● 과학 과목 : 물리 ● 관련 개념 : 빛을 반사하는 거울과 빛을 굴절시키는 렌즈

04 상태 변화와 열, 손난로와 뷰테인가스 통 & 스프레이 069

● 과학 과목 : 화학 ● 관련 개념 : 상태 변화에 따른 열의 출입 – 발열과 흡열

05 라면 국물이 넘칠 때도 나트륨의 불꽃반응을 볼 수 있다! 083

● 과학 과목 : 화학 ● 관련 개념 : 금속의 불꽃반응, 연소(빠른 산화)

06 플라스틱이라도 다 같은 플라스틱이 아니야 1 097
● 과학 과목 : 화학 ● 관련 개념 : 생활 속의 탄소 화합물

07 플라스틱이라도 다 같은 플라스틱이 아니야 2 113
● 과학 과목 : 화학 ● 관련 개념 : 생활 속의 탄소 화합물

08 무지 썰렁한 드라이아이스~ 135
● 과학 과목 : 화학 ● 관련 개념 : 물질의 밀도, 용해도, 호흡의 확인

09 눈이 오면 뿌리는 제설제는 도대체 어떤 물질일까? 153
● 과학 과목 : 화학 ● 관련 개념 : 물을 흡수하는 화합물들–염화칼슘, 진한 황산

10 나무들이 말라 죽었어 ㅠ.ㅠ '삼투 현상' 때문이야 165
● 과학 과목 : 생물 ● 관련 개념 : 뿌리에서 물을 흡수하는 원리 – '삼투 현상'

11 수정체는 우리 눈 속의 딴딴 투명 젤리 179
● 과학 과목 : 생물 ● 관련 개념 : 감각기관 중 '눈'의 구조

12 초원이 심장이 방실방실 뛰어요 193
● 과학 과목 : 생물 ● 관련 개념 : 사람의 유전, 심장의 구조, 호흡은 '발열 반응'

13 해수욕장의 모래 속에도 과학이 보인다! 211
● 과학 과목 : 지구과학 ● 관련 개념 : 여러 가지 광물과 암석

14 해식 대지 여기저기에 공룡 발자국이~ 따용! 229

● 과학 과목 : 지구과학 ● 관련 개념 : 파도에 의한 침식 지형, 화석

15 우리가 부풀어 터지지 않고 살아 있을 수 있는 이유 247

● 과학 과목 : 지구과학 ● 관련 개념 : 기압, 기압의 단위, 기압의 힘

부록

중1~고3 과학 교과 단원과 관련된 과학 이야기 및 학습 개념 266

과학 탐구보고서는 이렇게 쓴다! 272

최은정 쌤과 함께하는 정말 재미있는 과학 실험 1 - 〈 pH 시험지 〉 285

최은정 쌤과 함께하는 정말 재미있는 과학 실험2 - 〈 마그네슘 리본 〉 288

일러두기

원래 개정 전에는 책에 pH 시험지와 마그네슘 리본을 넣어서 우리 애제자들이 바로 실험을 할 수 있도록 했었단다. 하지만 이제 도서판매와 관련한 규정으로 더 이상 책에 넣을 수가 없게 되었구나. 그래서 쌤과 함께 하는 정말 재미있는 과학실험을 하기 위한 재료인 pH시험지와 마그네슘 리본을 과학기자재를 판매하는 곳에서 구입해야 한단다.
pH시험지는 아무런 제한 없이 살 수 있지만, 마그네슘 리본의 경우 화공약품으로 분류되어있으니 조금 번거롭기는 하겠지만, 학교의 과학 선생님의 도움을 받아 주문을 해야겠구나. 그래도 꼭!! 구입해서 한번 직접 실험 해보는 체험활동을 해 본다면 울 애제자들의 과학탐구능력이 확 올라가는 유익한 시간이 될 거란다!

추천 과학교구 쇼핑몰

http://www.scimall.co.kr/ 과학동아몰 | http://www.sdnet.co.kr/ 선두사이언스

01 | 허걱!! 세상이 온통 과학이네

엘리베이터를 탔더니 몸무게가 변하네!
바로 '관성' 때문이야~

뉴턴의 운동 제1법칙 '관성' 이야기

흠아~ 이 책을 읽는 울 애제자들~ 넘넘 방가와 *^^*

이제부터 쌤이 생활 속에 살아 있는 생생 과학 이야기 첫 번째로 '관성'에 대해 얘기해 볼까 한단다.

'관성'이란 그 유명한 뉴턴 아저씨의 운동 법칙 중에서도 제1법칙이지! 뉴턴 아저씨께서 힘을 받지 않으면 "정지한 물체는 계속 정지해 있으려 하고, 운동하는 물체는 계속 운동하려 하는 게 관성"이라고 말씀하셨다는 건 알고 있지?

우리 생활 속에서 매일 경험하는 운동 법칙인
'관성, 힘과 가속도, 작용 · 반작용'을 말씀하신 위대한 뉴턴 아저씨.

버스에서 온몸으로 느끼는 '관성'

학교에 갈 때 버스를 타는 애제자들 있나? 학교 갈 때 버스를 타지 않더라도 설마 버스를 한 번도 안 타 본 제자들은 없겠지? 버스를 탔을 때 우리는 온몸으로 관성을 경험한단다.

우리나라 버스 운전사 아저씨들께서는 대체로 좀 터프하시기 때문에 정지 상태에서 갑자기 붕~ 하고 출발을 하시잖아. 그러면 우리는 모두 "아저씨, 왜 이러세요? ㅠ.ㅠ" 하면서 일제히 버스의 진행 방향과 반대로 드러눕게 된단다. 그때가 바로 관성력을 경험하는 순간이란다. 버스가 갑자기 출발하더라도 버스 속의 우리는 계속 정지 상태를 유지하려고 하다 보니 결국은 버스의 진행 방향과 반대쪽으로 모두 넘어지는 거지. 누가 잡아당기는 것도 아닌데

끼~익! "아저씨~ 안녕하세요!" 버스의 진행방향으로 관성력을 받은 순간.

버스에 탄 사람들이 모두 일제히 드러누우면서 "아저씨, 왜 이러세요?? ㅠ.ㅠ"를 하게 되는 걸 생각해 보면 참 신기하지 않니?

에, 그럼 이번엔 잘 나가던 버스가 끼~익! 하고 갑자기 멈췄다고 해보자. 우리가 탄 버스 운전사 아저씨가 터프하게 브레이크를 팍 밟으시면 우리는 예의 바르게도 운전사 아저씨를 향하여 일제히 인사를 하게 되지. "아저씨~ 안녕하세요!" 하고..ㅠ.ㅠ 이때는 아무리 뒤로 드러눕고 싶어도 드러누울 수가 없고, 반드시 아저씨를 향하여 버스의 진행 방향으로 인사를 하게 된단다. 이게 바로 우리가 버스를 탔을 때 온몸으로 경험하는 '관성' 이란다.

1 버스가 붕~ 하고 출발할 때

"아저씨~ 왜 이러세요? ㅠ.ㅠ" 하며 뒤쪽으로 넘어진다

(이것을 과학적으로는 '버스의 진행 방향과 반대 방향으로 관성력이 작용한다' 라고 표현하지).

2 버스가 끽! 하고 멈출 때

"아저씨~ 안녕하세요!" 하면서 무조건 운전사 아저씨에게 인사한다

(이것을 과학적으로는 '버스의 진행 방향으로 관성력이 작용한다' 라고 표현한단다~).

대부분의 애제자들이 미치게 좋아하는 '해리 포터' 제3편 〈해리 포터와 아즈카반의 죄수〉(이건 비밀인데~ 쌤도 무지 좋아해. 우리 아들보다 쌤이 더 흥분하고 좋아하는 거 같아. 해리 오빠, 멋있어요~ ^^)에 나오는 마법사들이 타는 버스도 '관성의 법칙' 을 확실하게 지킨단다. '해리 포터' 제3편을 본 울 애제자들, 관성을 생각하면서 보았나? 자~ 대단히 사이언티픽한 두 장면을 같이 보자!!

끼익! 갑자기 정지한 버스 때문에 버스 차창에 뽀뽀하는 해리. 완죤~히 망가진 모습을 보여 주네.

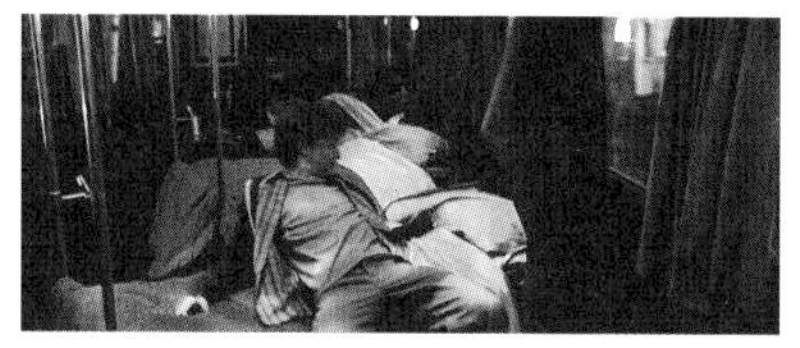

붕~ 이번엔 여지없이 버스 뒤쪽으로 나뒹구는 해리. 아마 마음속으로는 '난 관성이 싫어!' 하고 외치고 있을지도. ㅎㅎ

어때? 해리가 관성 때문에 상당히 망가지는 모습을 볼 수 있지?

'관성'으로 범인도 잡고!

때로는 관성으로 범인을 잡는 장면이 영화에 나오기도 한단다. 프랑스 영화인 〈택시〉인데, 속편이 나왔을 정도로 인기 있는 영화란다. 이 영화에서는 무지 빠른 속도로 도망가는 은행 강도를 잡기 위해 관성을 이용하는 장면이 나오는데, 본 적 있니?

범인들을 잡기 위해 자동차 경주를 하도록 유인한 다음에 고속도로의 끊어진 구간으로 몰고 가서는 범인을 꼼짝 못하게 가두어서 잡는 기막힌 장면이 나온단다.

주인공이 탄 택시는 끊어진 고속도로 앞에서 아슬아슬하게 멈추지만

아무 생각 없이 달리던 범인들이 탄 회색 벤츠는 관성 때문에 멈추지 못하고 끊어진 고속도로를 휙 넘어간단다.

결국 범인들은 끊어진 고속도로 안에 꼼짝없이 갇히게 된 거야.

마치 우리가 그냥 건너기에는 너무 폭이 넓은 도랑을 만났을 때 멀리서부터 뛰어오면 '관성'을 이용해서 건널 수 있는 것처럼 범인들의 차 역시 무진장 빠른 속도로 달려왔기에 그 '관성' 덕에 고속도로의 끊어진 구간을 휙~! 하고 넘어간단다. 물론 영화이다 보니 약간 과장되어 연출되기는 하였단다. 끊어진 구간이 무지 넓은데도 기~냥 멋지게 날아서 건너가거든.

이렇게 관련 영화를 보면서 과학 공부를 한다면 과학을 더욱 가깝게 느낄 수 있단다. 하지만 수업 시간 내내 2시간짜리 영화를 볼 수는 없잖니. 그래서 쌤은 그 시간에 배우는 과학 원리와 완전히 부합하는 장면만 캡처하여 2~3분 정도의 짧은 시간 내에 볼 수 있도록 영화를 편집하는 작업을 한단다.

타이틀을 만들고 자막을 삽입하여 멀티미디어 과학 교수 학습 자료로 만드는데, 이러한 편집 작업에는 무척 많은 시간이 소요되기 때문에 날밤을 새우기도 하지! 흠흠.

엘리베이터에서도 느끼는 '관성'

관성은 이렇게 버스에서만 경험하는 건 아니란다. 그러면 어디에서 또 느낄 수 있냐고? 평소에 엘리베이터를 타면서도 우리는 관성을 느낀단다. 엘리베이터가 정지 상태에서 움직이기 시작하거나 또는 움직이다가 정지할 때 약간 느낌이 오지? 사실은 그 순간 몸무게가 약간 변하는 것을 느낀 거란다.

그렇다면, 몸무게가 왜 변하는 걸까? 지금까지 쌤이 힘주어 얘기한 그 뉴턴 아저씨의 '관성' 때문이란다.

버스가 갑자기 움직일 때와 마찬가지의 원리인데, 일단 우리는 지구상에 살기 때문에 무조건 중력이 작용한다는 건 알고 있지??? 울 애제자들은 자신의 몸무게가 얼마나 되는지 알고 있잖아. 그 몸무게 값이 중력 값이거든.

'무게 = 중력', 즉 몸무게와 중력은 같은 용어야~.

참고로 쌤의 질량은 40kg, 즉 몸무게는 40kgf란다. 1kgf = 9.8N이므로 392N(40kg×9.8m/s²)의 힘으로 지구가 쌤을 당기고 있는 것이지(일부 애제자들 중에 쌤이 질량 40kg인 것을 의심하는 제자가 있는 것으로 알고 있다. 하지만 울 애제자들~ 무조건 쌤을 믿어야 하느니라!! 흠흠!!).

엘리베이터가 정지 상태에서 위로 올라갈 때는 버스가 붕~ 하고 출발할 때 "아저씨, 왜 이러세요? ㅠ.ㅠ" 하는 것처럼 엘리베이터의 진행 방향과 반대로 힘을 받는단다. 올라가는 엘리베이터 속에서는 진행 방향이 당연히 위쪽이니까 반대 방향인 아래쪽으로 관성력을 받게 되는데, 그러면 중력과 관성력이 같은 방향으로 작용하게 되므로 두 힘이 더해져서 몸무게가 무거워지는 거지.

또 엘리베이터가 정지 상태에서 아래로 내려올 때는 진행 방향이 아래이니까 반대쪽인 위쪽으로 관성력을 받게 되는데, 그러면 중력에서 관성력 값을 빼줘야 하므로 몸무게가 가벼워지는 거야.

만약 엘리베이터 줄이 끊어진다면…. "어머나~ 어머나~ 큰일이 났어요!!!" 그때는 관성력 값이 무려 중력 값만큼이나 커지니까, 중력 값에서 관성력 값을 빼면, 흠아~ '무중력'이 되어 버리네! 그러면 엘리베이터 속에서 흐이~ 흐이~ 둥둥 떠다니게 된단다. 하지만 그 순간이 매우 짧고 속도가 너무 빨라서 엘리베이터가 지면에 도착했을 땐 바닥에 부딪혔을 때의 충격 때문에 아마도 도저히 살아남을 수가 없겠지.

이렇게 엘리베이터 안에서 몸무게가 변한다는 사실은 대형 할인 매장에서 판매하는 약 8,000원짜리 몸무게 다는 저울만 있으면 직접 실험해 볼 수 있는데, 구입한 저울은 평소 몸무게를 측정하는 데도 좋단다. 다이어트 등을 할 땐 더욱 도움이 되지. 쌤도 매일 아침 모닝 응아(?)를 한 후(조금이라도 몸무게를 더 줄이기 위해) 저울에 올라가 본단다. 으흐^^

그냥 보통 건물의 엘리베이터에서 실험을 해도 몸무게가 3kgf 정도는 쉽게 변하거든. 진짜 신기해. 꼭 한번 해보길. 아파트나 웬만한 건물의 엘리베이터에서 충분히 실험해 볼 수 있단다. 혹시 아파트에 살지 않는다면 친구네 아파트에 저울 들고 한번 놀러 가면 좋~잖아. 우정도 다지고, 과학 실험도 하고.

오른쪽 사진은 쌤이 5층 건물의 엘리베이터 속에서 직접 실험하면서 찍은 것이야. 엘리베이터가 출발하기 전 저울에 올랐을 때의 눈금은 58kgf(최은정 쌤의 몸무게 40kgf+실험복과 신발의 무게 18kgf. 사진에는 잘 안 보이지만 쌤은 18kgf나 나가는 철판으로 코팅된 실험복과 무쇠로 만든 구두를 신고 있걸랑~. ㅋㅋ)였지만, 엘리베이터가 출발해서 올라갈 땐 약 61kgf로 몸무게가 늘어난 것을 확실하게 관찰할 수 있었단다.

저울을 들고 엘리베이터 앞에서 찰칵. 사진에서는 티가 안나지만 쌤은 아주 무거운 실험복과 구두를 착용하고 있단다. 으앙~

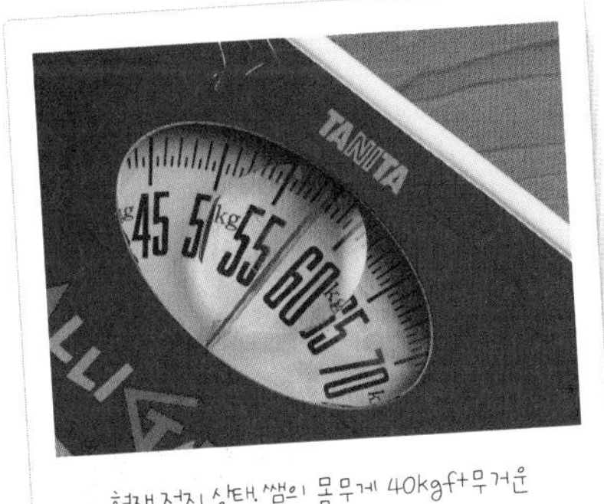

현재 정지 상태. 쌤의 몸무게 40kgf+무거운 실험복과 구두의 중력 18kgf=58kgf.

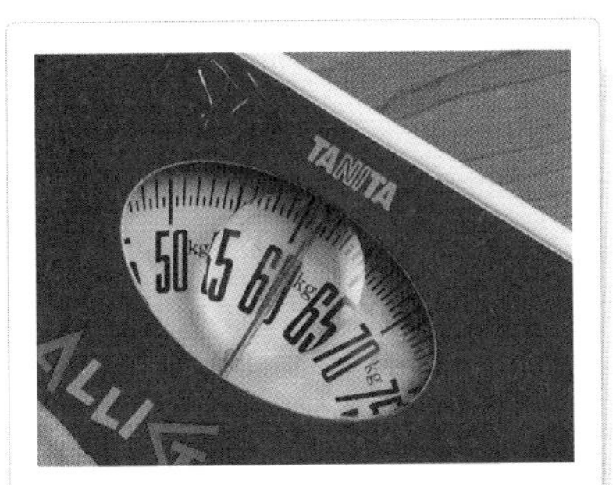

엘리베이터가 출발해서 올라갈 땐 3kgf만큼 몸무게가 더 늘어나서 61kgf로 측정되는 것을 볼 수 있음!

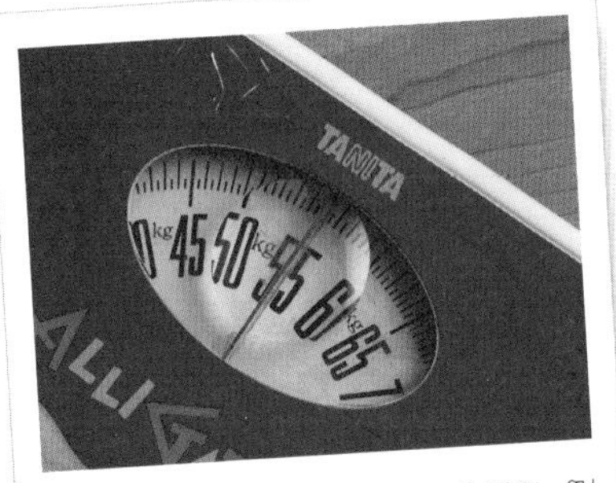

엘리베이터가 정지 상태에서 내려오기 시작하면 3kgf만큼 몸무게가 줄어서 55kgf로 측정되는 것을 볼 수 있음!

자이로드롭 탈 때의 오줌 쌀 것 같은 느낌도 '관성' 때문

엘리베이터 줄이 끊어졌을 때의 무중력 상태를 꼭 경험해 보고 싶다고 해서 목숨 걸고 실험을 할 수는 없잖니. ㅎㅎ. 하지만 방법이 있지! 이럴 땐 자이로드롭을 타면 된단다. 쌤은 자이로드롭을 타면 마치 내장은 위에다 두고 껍데기만 낙하한 듯한 그런 아주 허무한 느낌을 받는데, 히유~ 오줌 쌀 거 같은 그 아찔아찔한 느낌이 바로 무중력 상태를 경험하는 거란다.

TV에서 방영한 자이로드롭에서의 중력 값 측정 실험. 무중력 상태가 되는 것을 확인할 수 있다.

울 아들의 표정이 예술이지? 바로 무중력 상태를 경험한 직후이기 때문이란당~.

아~ 그리고 마침내 우리 인생에도 적용되는 '관성'

흠아~ 버스에서도, 엘리베이터에서도, 자이로드롭을 타면서도 우리는 과학 공부를 할 수 있단다. 온몸으로 관성의 법칙을 느끼는 거지. 아!! 그리고 쌤은 우리 인생에도 관성의 법칙이 그대로 적용된다고 생각해.

예를 들면, 쌤은 '과학 교육' 에 관성이 붙었어. 이화여대 과학교육학과에 입학한 날로부터 지금까지 늘 어디를 가도, 무엇을 해도 우리 애제자들한테 '어떻게 하면 과학을 재미있게 그리고 효율적으로 가르칠 수 있을까' 만을 생각하고, 또 무지 노력한단다. 그러다 보니 이 일이 점점 더 재미있어지고, 재미있으니까 열심히 하게 되고, 그 결과 많은 사람들이 인정하는 과학 교육 전문가가 될 수 있었던 거지. ^^으흐~.

그동안 과학을 어렵고 재미없게만 생각했던 우리 애제자들도 쌤의 책을 읽으면서 우리 생활 속에 얼마나 재미있는 과학 원리들이 숨어 있는지 깨닫고, 또 자꾸 경험하다 보면 과학 공부에 저절로 관성이 붙게 된단당~. 일단 한번 관성이 붙으면 그다음부터는 과학 공부가 무진장 재미있어지고, 재미있어서 열심히 공부하다 보면 당연히 과학 성적이 쑥쑥 오를 수밖에 없지. 흠흠.

핫!! 그리고 온라인 게임도 자꾸 하다 보면 관성이 붙게 된단다. 그냥 놀다 보면 시간이 자꾸 흐르고, 노는 것에 또 관성이 붙을 수도 있거들랑. 그래서 이른바 게임 폐인이란 말이 있는 거지. 나쁜 쪽으로 관성이 붙어 버리는 거야.

울 애제자들은 이 글을 읽고 앞으로 자신의 인생에서 어떤 분야에, 또 어떤 일에 관성을 붙일 것인지 한번 생각해 보길 바란다!!! 울 애제자들 앞에는 많은 가능성이 열려 있고, 어떤 것에든 관성을 붙일 수 있는 미래의 시간이 주어져 있으니까, 울 애제자들은 원한다면 지금부터라도 뭐든지 할 수 있어! 자신이 원하는 게 뭔지, 잘할 수 있는 게 뭔지 다시 한 번 생각해 보고, 인생의 관성을 어디에다 붙일 것인지 good choice 하길!!

이렇게 말하다 보니 왠지 '과학과 철학은 하나'라는 생각이 드는구나. 이러다 쌤이 과학 교육자가 아니라 철학자가 되겠당~. 으크크 ^^

흠아~ 이제 살면서 경험하는 관성 이야기를 마친다!!

이 페이지를 넘기면 더더욱 생생하고 재미있는 과학 이야기를 만나게 될 거야!

쌤이 울 애제자들을 얼마나 따랑하는지 알지? 모두 모두 뽀뽀! ^3^

아자~ 과학 천재 되자!!

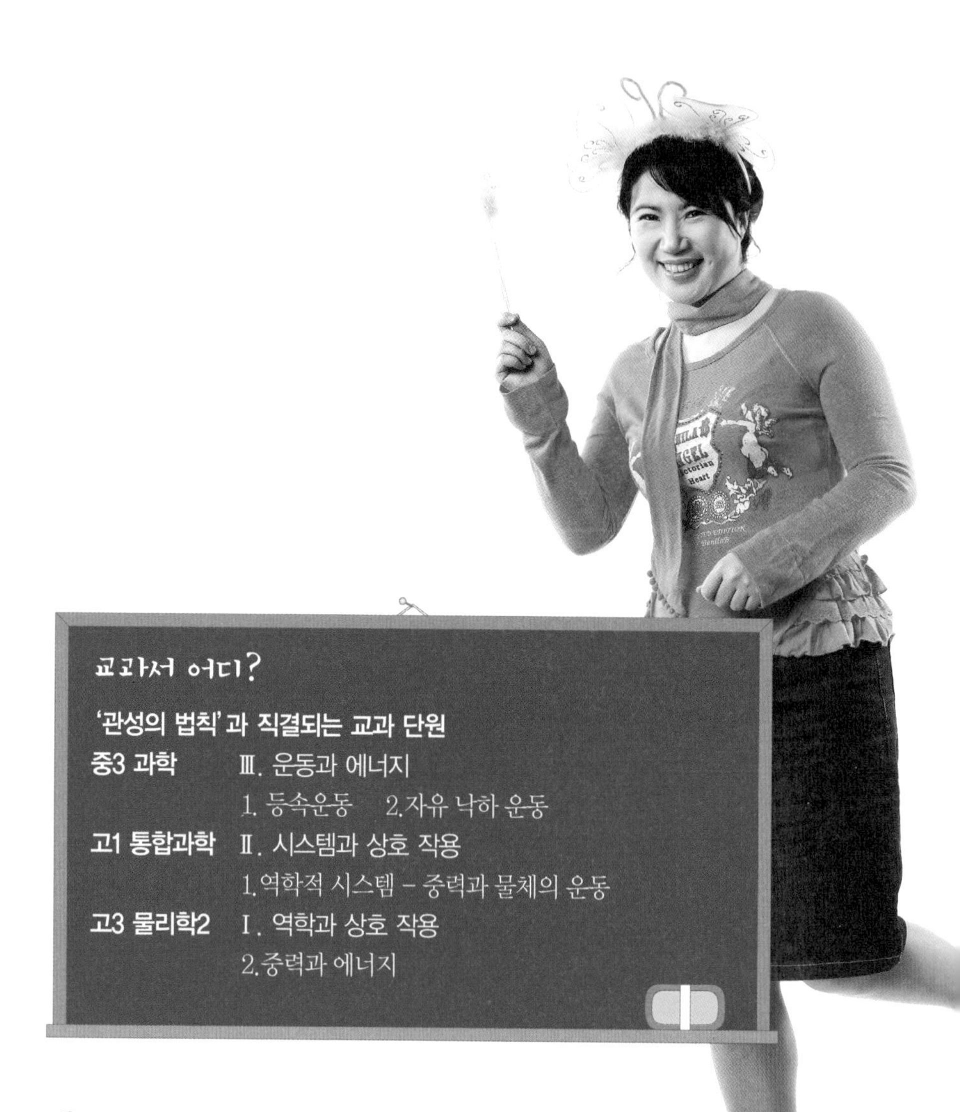

학습 포인트
관성이란?

● **뉴턴의 운동 제1법칙**(관성의 법칙)

힘을 받지 않으면 정지하고 있는 물체는 계~속 정지, 운동하던 물체는 계~속 운동!

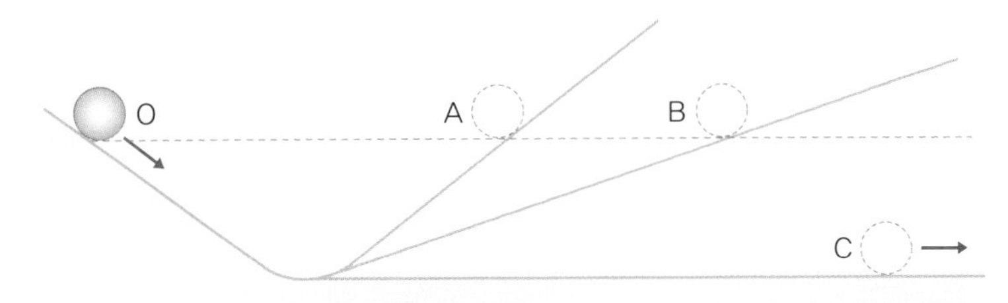

● 마찰력이 없으면 A, B는 같은 높이로 왔다리~ 갔다리~

● 마찰력이 없으면 C는 영원히 간다.

계속~ 주욱~ 관성 때문에 영원히~ forever~~.

'관성의 법칙' 과 관련된 서술형 평가의 예

1 달리기를 하다 보면 결승선에서 바로 멈추지 못하는 것과 관계 있는 물리 법칙은 무엇인지 쓰고, 그 법칙에 대해 서술하여라.

2 내가 탄 버스가 다음의 그래프와 같이 운동하였다. 버스 속의 내 몸은 어떻게 움직이게 되는지 각 구간별로 나누어 설명하고, 이러한 현상이 생기는 이유는 무엇인지 서술하여라.

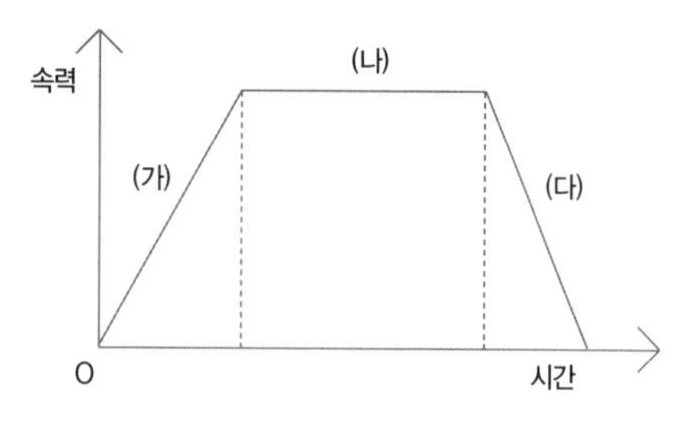

3 다음과 같이 집기병 위에 카드를 올려놓고 그 위에 500원짜리 동전을 놓은 후 손가락으로 카드를 튕기는 실험을 10회 반복하였다.

(1) 어떤 일이 생기는지와 그 이유를 설명하여라.

(2) 같은 실험을 50원짜리 동전으로 10회 반복할 경우, 어떠한 현상을 관찰할 수 있는지 설명하고 그 이유를 서술하여라.

'관성의 법칙'과 관련된 서술형 평가의 예 + 예시 답안

문제와 답을 한눈에 알아볼 수 있도록 문제를 한 번 더 써 놓았단다!

1 달리기를 하다 보면 결승선에서 바로 멈추지 못하는 것과 관계 있는 물리 법칙은 무엇인지 쓰고, 그 법칙에 대해 서술하여라.

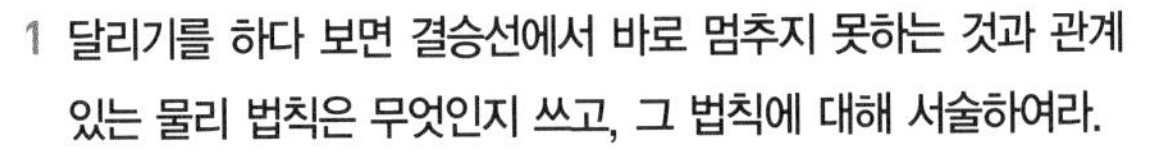

예시 답안 관성의 법칙! 힘을 받지 않으면 정지하고 있는 물체는 계~속 정지, 운동하던 물체는 계~속 운동하게 되는데, 이것은 물체가 운동 상태를 그대로 유지하려는 성질을 가지고 있기 때문이며 이것을 관성의 법칙이라 한다.

2 내가 탄 버스가 다음의 그래프와 같이 운동하였다. 버스 속의 내 몸은 어떻게 움직이게 되는지 각 구간별로 나누어 설명하고, 이러한 현상이 생기는 이유는 무엇인지 서술하여라.

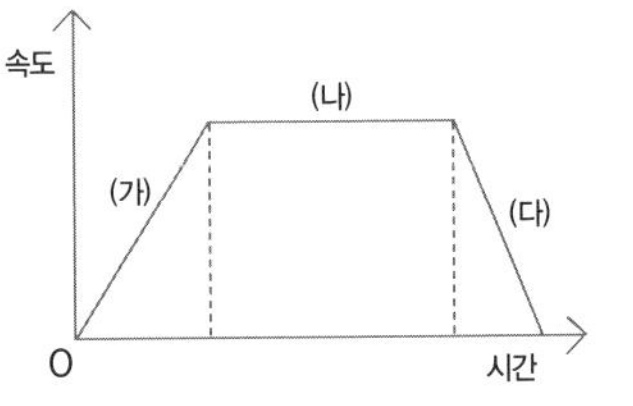

예시 답안 (가) 구간에서는 몸이 버스의 진행 방향과 반대 방향인 뒤쪽으로 넘어지게 되지만, (나) 구간에서는 손잡이를 잡지 않고도 똑바로 서 있을 수 있다. (다) 구간에서는 몸이 버스의 진행 방향인 앞쪽으로 넘어지게 된다.
(가) 구간에서는 몸이 정지 상태를 그대로 유지하려 하기 때문에 관성력이 뒤쪽으로 작용한 것이며, (나) 구간에서는 관성력이 작용하지 않고, (다) 구간에서는 몸이 운동 상태를 그대로 유지하려 하기 때문에 관성력이 앞쪽으로 작용한 것이다.

3 다음과 같이 집기병 위에 카드를 올려놓고 그 위에 500원짜리 동전을 놓은 후 손가락으로 카드를 튕기는 실험을 10회 반복하였다.

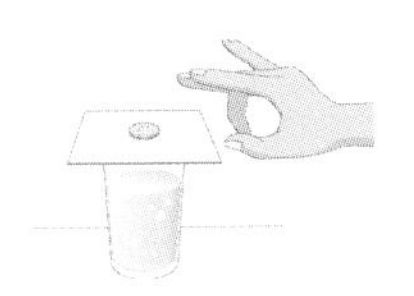

(1) 어떤 일이 생기는지와 그 이유를 설명하여라.

예시 답안 카드는 날아가지만 동전은 집기병 속으로 떨어진다. 동전은 정지 상태를 그대로 유지하려는 관성 때문에 카드와 함께 날아가지 않는다.

(2) 같은 실험을 50원짜리 동전으로 10회 반복할 경우, 어떠한 현상을 관찰할 수 있는지 설명하고 그 이유를 서술하여라.

예시 답안 질량이 크~면 관성도 크~다! 그러므로 질량이 작은 50원짜리 동전으로 실험하면 질량이 큰 500원짜리 동전으로 할 때보다 실패 확률이 훨씬 크다.

['생활 속에서 경험하는 관성 이야기'를 울 애제자 나름대로 간략하게 정리해 보기]

요약정리하며 자신의 느낌과 생각을 꼭 추가할 것!! 서술형 평가와 과학 논·구술 대비가 절로 된단다.

02

허걱!! 세상이 온통 과학이네

'지레'의 원리

가방 끈은 짧아야 가볍다! 랄라룰루♩♪♬~~

우리 생활 곳곳에서 발견하는 '지레의 원리'를 이용한 도구들!

울 애제자들이 중3 과학 과정에 들어가면
물리 파트에서 배우는 것이 바로 '일'이지.
이 '일'이라는 게 뭐냐? 여기서 '일'이라는 것은
우리가 보통 때 쓰는 '일'의 의미와는 다르단다!
물리학적인 의미로는 물체에 힘을 가하여
힘의 방향으로 이동시켰을 때 '일'했다라고 한단다.
그러니까 힘도 줘야 하고, 그 힘의 방향으로 이동도 시켜 줘야
드디어 '일했다!'라고 인정해 주걸랑.

물리학적으로 '일했다!!'라고 인정을 받으려면 힘과 이동 거리가 있어야 한단다

'일'을 공식으로 표현하면 이렇게 되지. 일=힘×거리(W=F · s).

그러니까 "사랑하던 사람과 이별하는 것은 정말 가슴 아픈 '일'이다"에서의 '일'은 '일'이 아니라는 거야. 그리고 "책상에 가만히 앉아 수학 문제를 1000개나 푸는 것은 너무나 힘든 '일'이다"에서의 '일'도 '일'이 아니라는 거지. 이동 거리가 없잖아. 또 "하루 종일 벽을 밀었어!" 얼마나 힘들었겠니. 쯧쯧. 집에 가면 거의 쓰러질 만큼 피곤하겠지만 이것 역시 이동 거리가 없기에 일한 게 아니란다.

또 있어. 만약 우주에 나가 무중력 상태에서 엄청 무거운 물건을 들어 올렸다!! 하지만 이때는 힘이 '0'이기 때문에 일한 게 아니야. 또 마찰력이 없는 가상의 평면에서 무거운 상자를 100km나 밀고 다녔다고 해보자!! 이때도 역시 일한 긴 아니린다.

그럼 도대체 어떤 게 물리학적 의미의 '일'이냐?

무거운 물체를 들어 올렸어!! → 중력에 대해 일한 거란다!

책이 가득 담긴 상자를 밀었어!! → 마찰력에 대해 일한 거란다!

이렇게 힘을 줘서 이동을 시키는 것이 '일'인데, 이 '일'이 너무나 힘드니까 역사상 우리 인류는 이 '일'을 어떻게든 줄여 보려고 온갖 노력을 다하여 별별 기구를 다~ 발명했단다!! 그걸 우리는 '도구'라고 부르는데 도르래, 지레, 축바퀴, 빗면 등등이 있지. 흠흠.

온갖 도구를 사용해도 절대로 일은 줄어들지 않는다는 불변의 법칙, '일의 원리'

하지만 허무하게도 이 온갖 도구를 다 이용해도 절대로 일의 양은 줄어들지 않는단다!

이것을 바로 '일의 원리' 라고 부르지. 그럼, 일의 양도 줄어들지 않는데 도대체 왜 도구를 쓰냐고? 흠흠, 쌤이 대답해 주마!! 그래도 그나마 힘은 줄일 수 있기 때문에 도구를 사용하는 거란다. 일하는 양 자체는 줄어들지 않지만, 당장 힘이 덜 드니까 좀 수월하게 일할 수 있다는 얘기지!

에, 그런데 일=힘×거리에서 힘이 줄어도 일의 양이 일정하니까 어떻게 되겠니? 결국 거리가 늘어날 수밖에 없다는 얘기지. 그러니까, 대부분의 도구를 사용할 때 힘은 줄어들지만 거리는 늘어나게 된다는 말이야. 힘을 $\frac{1}{2}$로 줄이면 거리가 2배로 늘어난단다.

일 (항상 일정) = 힘 ↓ × 거리 ↑

자~ 그러면 이 도구들 중에서 이번엔 '지레' 에 대해 집중적으로 설명을 하마.

시소·병따개·장도리·가위, 모두 모두 지레의 원리!

지레의 원리는 울 애제자들이 모두 유치원에 들어가기 전부터 몸으로 체험을 하던 것이야!! 바로 시소를 타면서 말이야. 누가 가르쳐 주지 않아도 무거운 애는 자동적으로 앞쪽으로 타고, 가벼운 애는 뒤쪽으로 타거든. 그래야만 시소를 재미있게 탈 수 있다는 것을 아이들은 체험을 통해 알게 된 거지!

쌤의 아들은 유치원생이었을 때 몸무게(지구가 잡아당기는 힘, 즉 '중력')가 겨우 18kgf밖에 나가지 않았단다(그때 울 아들이 하도 안 먹어서 아들이 남긴 거 먹다가 쌤은 중력이 마구 마구 증가했었지. ㅠ.ㅠ).

근데 쌤 아들의 여자 친구는 무려 36kgf의 거대 중력을 가진 아주 튼튼한 어린이였지. 어느 날 둘이서 시소를 타는 것을 쌤이 보았는데, 튼튼한 여자 친구는 시소의 손잡이를 뒤로 잡고서 받침점 가까이에서 상당히 힘들고 어려운 포즈로, 그리고 울 아들은 시소 끝에다 엉덩이를 간당간당 걸치고 받침점에서 멀리 떨어져서 시소를 타더라고. 흠아~ 정말 정말 감동적인 명장면이었어!

쌤 아들과 여자 친구의 중력 비율은 1:2, 받침점으로부터 둘 사이의 거리 비율은 2:1. 너무나 정확하게 지레의 원리를 이용해서 시소를 타고 있었단다. 울 아들의 중력이 $\frac{1}{2}$밖에 안 되니까 거리를 2배로 늘린 거잖아!

지레의 모습과 시소 타는 모습을 비교해 보렴. 똑같지?

바로 이러한 지레의 원리를 우리는 생활 속에서 늘 이용하고 있단다. 병따개도 지레의 원리이고.

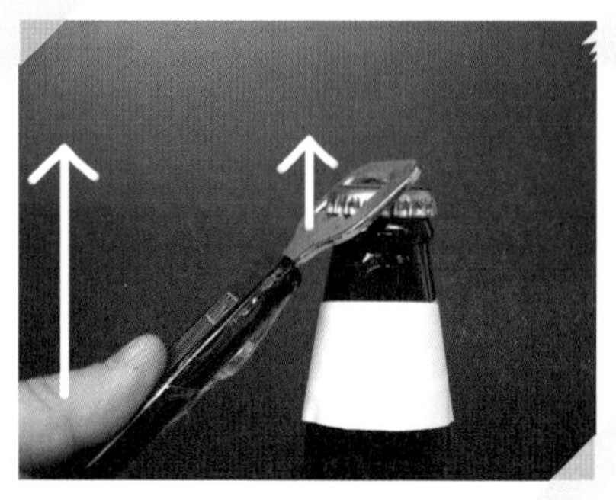

마개가 올라가는 거리보다 손이 올라가는 거리가 훨씬 더 길잖아. 그만큼 힘은 줄일 수 있단다. 맨손으로 그냥 마개를 딴다고 생각해 보렴. 얼마나 힘이 많이 들겠니. 흐아~

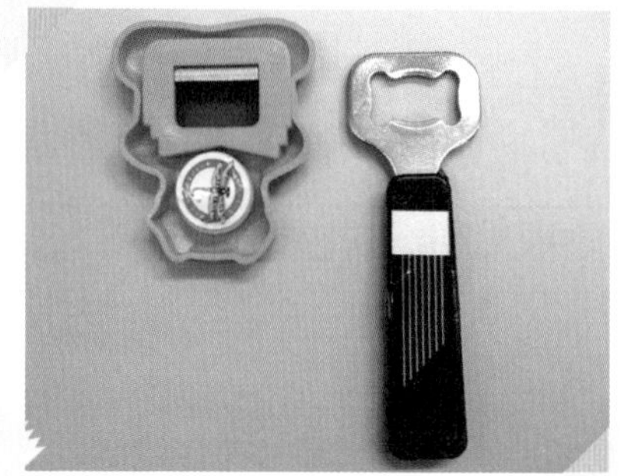

왼쪽 병따개는 손잡이가 짧잖니! 오른쪽 병따개에 비해서 손이 이동하는 거리도 짧고. 그러면 힘이 더 많이 들어간단다.
손쉽게 마개를 따고 싶다면 롱~~
한 손잡이를 가진 병따개를 강추!

못을 뽑을 때 사용하는 노루발 장도리, 종이를 자를 때 사용하는 가위도 바로 지레의 원리를 이용한 도구란다.

못이 올라오는 거리에 비하면 노루발 장도리가 움직이는 거리는 훨씬 길지.
장도리로 못을 빼는 것 역시 지레의 원리!

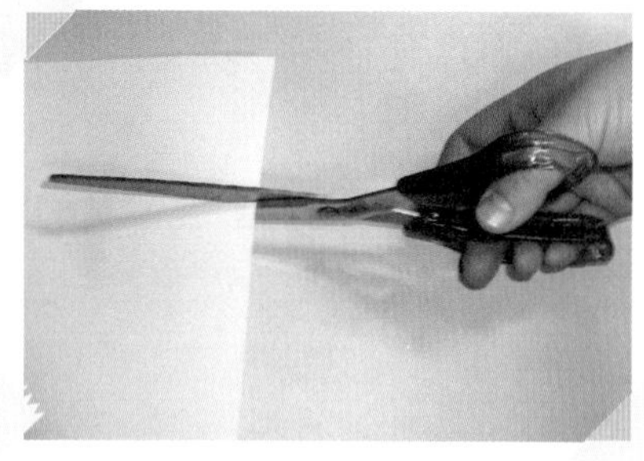

가위로 종이를 자를 때 가위 끝 쪽으로 갈수록 힘이 많이 드는 것을 느낄 수 있단다.
지레로 물건을 들어 올릴 때 물체가 자꾸 뒤로 가는 거랑 마찬가지란다!!

우리의 생활을 편리하게 해주는 지레의 원리

발레하는 모습의 와인 코르크 따개. 들어 올린 팔을 우아하게 내리는 자세란 당! 으흐흐.

이것 역시 지레의 원리. 코르크가 올라오는 거리보다 바깥쪽에서 손잡이가 내려오는 거리가 훨씬 길어서 힘을 적게 들이고 와인 병을 딸 수 있는 거지!

이런 우아한 코르크 따개가 없이 코르크를 빼내려고 해봐. 얼마나 힘들겠니. 모처럼 폼 잡고 와인 마시려다 코르크 파내고 있어야 할 거야. 완죤~히 스타일 망가지지. ㅎㅎ.

이른바 '회전 지레'. 아무리 힘을 줘도 풀리지 않는 나사는 이렇게 펜치를 이용하면 쉽게 풀 수 있잖아. 나사를 단단하게 조일 때도 역시 펜치를 이용하는데, 나사가 돌아가는 거리에 비해 펜치를 잡고 돌리는 거리가 훨씬 긴 것 역시 지레의 원리!

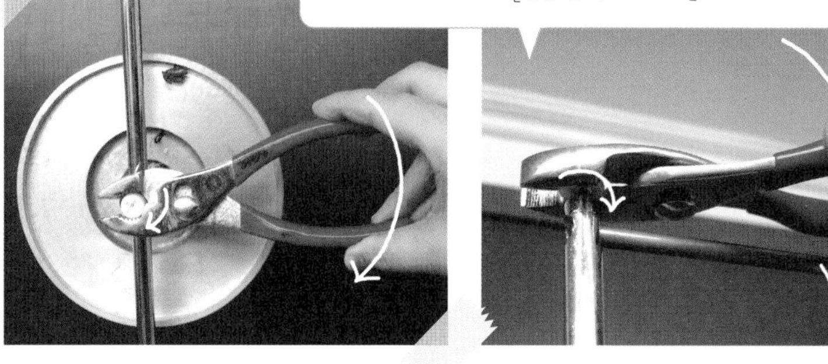

가방 끈은 짧아야 가볍다! 랄랄룰루~ 날아갈 것 같아

지레의 원리를 알면 무거운 책가방도 보다 가볍게 멜 수 있단다!! 같은 무게이지만 가방 끈의 길이를 어떻게 조절하느냐에 따라 배낭을 멜 때 확실한 무게 차이를 느낄 수 있지. 가방 끈이 짧을 때 훨씬 가벼워진 느낌~ 날아갈 것 같아요~.
가방을 멜 때에는 우리의 어깨가 바로 받침점이 되는데, 받침점으로부터 물체가 멀리 있으면 힘이 더 많이 들어간단다. 시소에서 무거운 사람일수록 받침점에 가까이 앉아야 하는 것과 같은 원리라니까. 가위로 종이를 자를 때 받침점으로부터 종이를 자르는 지점이 점점 멀어질수록 힘이 많이 들어가는 것도 같은 원리이고. 그러니까, 조금이라도 가볍게 가방을 메기 위해서는 가방 끈을 되도록 짧게, 아주 짧게 메어야 한단다.
흔히 하는 얘기 중에 공부를 오래, 많이 하면, 즉 석사도 하고, 박사도 하고 그러면 '가방 끈이 길다~' 라고 표현하잖니. 쌤은 가방 끈이 좀 길지. 으하하.

아유, 무거워. 가방 끈이 길어 더 무거워진 책가방을 메고 지친 모습.

와, 가벼워! 랄랄룰루~ 가방 끈이 짧으니까 이렇게 가벼워지다니!

공부를 오래오래 열심히 한다는 뜻의 가방 끈은 롱~~한 게 좋지만, 실제로 우리가 메고 다니는 가방 끈은 짧아야 가볍단다. 사진의 어린이를 잘 봐다오~. 같은 원리로, 등산 배낭을 챙길 때 무거운 짐은 배낭 위쪽에 넣는 것이 훨씬 힘을 덜 들이고 등산을 할 수 있는 현명한 방법이란당. 무거운 짐이 받침점인 어깨로부터 가까이 있을수록 배낭이 더 가볍게 느껴진다는 얘기지. 흠흠.

'일의 원리, 지레의 원리' 이젠 몸으로 배우자!

흠아~ 이렇게 과학을 알면 우리 삶이 편안해진단다.

울 애제자들~ 과학은 '실험'을 통해 발전한 학문!! 지금 당장 얼마나 힘이 느껴지는지 잘 관찰하면서 가위로 종이도 잘라 보고, 가방 끈도 길게 그리고 짧게 해서 메어 보고, 이렇게 직접 몸으로 체험하면서 과학 공부 하자!! 원래 몸으로 익힌 건 잘 안 잊어먹는 법이거든. 자전거 타기 같은 것도 한번 배우고 나면 몇 년 있다가 타도 금세 다시 탈 수 있듯이 말이야. '일의 원리, 지레의 원리'. 이젠 몸으로 배우자!!

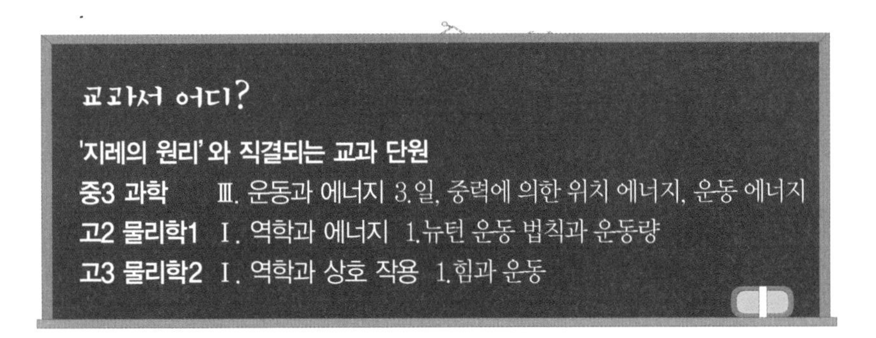

학습 포인트
여러 종류의 지레

● 첫 번째 종류의 지레

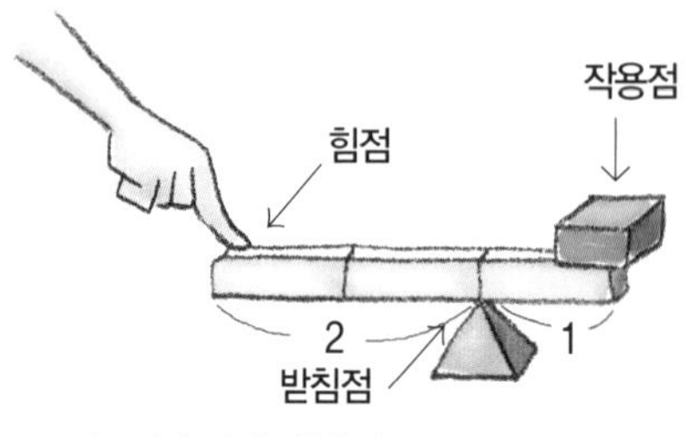

이 모양의 지레는 힘을 $\frac{1}{2}$로 줄이는 지레.

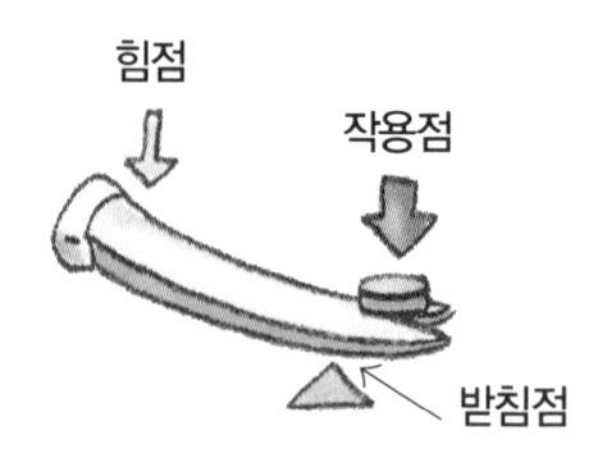

영화 〈반지의 제왕〉에 나오는 돌 날리는 기계와 똑같이 생겼지? 흐흐흐.

● 두 번째 종류의 지레

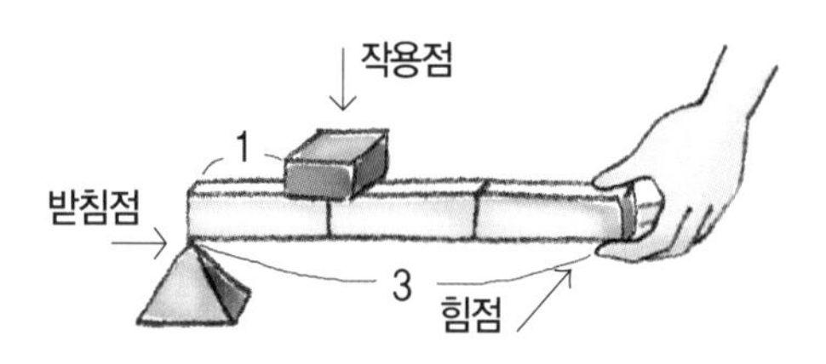

이 모양의 지레는 힘을 $\frac{1}{3}$로 줄이는 지레

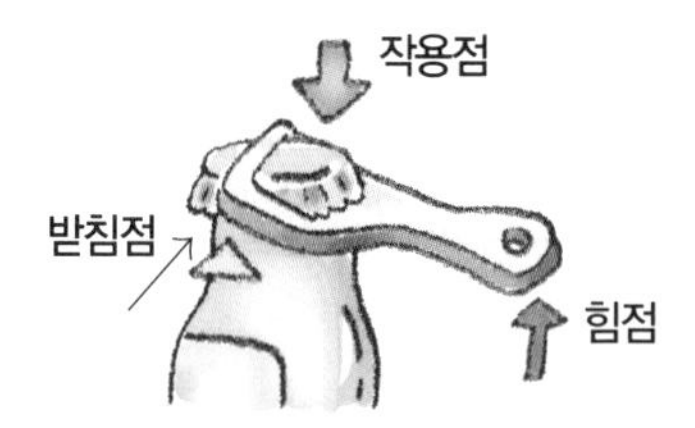

병따개는 받침점의 위치가 가운데가 아니야~ 받침점의 위치를 유의해서 봐 주길!

'지레의 원리' 와 관련된 서술형 평가의 예

1 지레, 도르래, 빗면 같은 도구를 우리가 일상생활에서 이용하여 얻을 수 있는 이점은 어떤 것이 있는가?

2 물리학에서 '일' 과 '일의 원리' 라는 용어의 정의는 무엇인가?

3 그림은 병따개로 병뚜껑을 따는 모습을 나타낸 것이다.

(1) ㉠점은 무엇인가?

(2) a가 2cm이고 b가 8cm인 병따개가 있다고 하자. 이 병따개를 이용하면 얼마나 힘을 줄일 수 있는지 서술하여라.

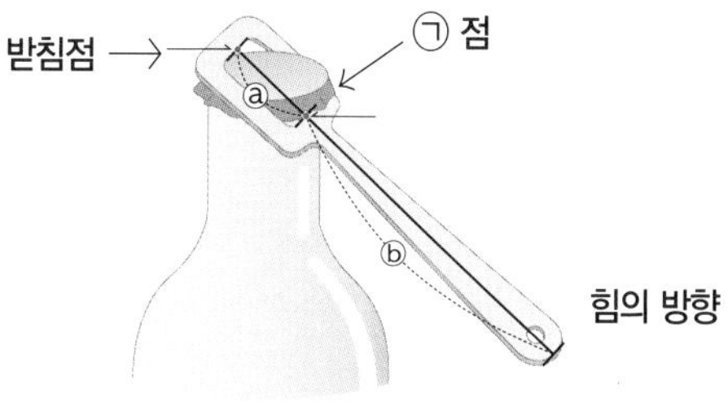

받침점

㉠ 점

ⓐ

ⓑ

힘의 방향

'지레의 원리' 와 관련된 서술형 평가의 예 + 예시 답안

문제와 답을 한눈에 알아볼 수 있도록 문제를 한 번 더 써 놓았단다!

1 지레, 도르래, 빗면 같은 도구를 우리가 일상생활에서 이용하여 얻을 수 있는 이점은 어떤 것이 있는가?

예시 답안 같은 일을 보다 적은 힘을 들여서 할 수 있고, 힘을 주는 방향을 바꿀 수도 있다.

2 물리학에서 '일의 원리' 라는 용어의 정의는 무엇인가?

예시 답안 어떤 물체에 힘을 가하여 이동시켰을 때 '일' 을 했다고 한다. 또한 도르래, 지레, 빗면 등과 같은 도구를 이용하면 도구를 이용하지 않을 때에 비해 힘은 적게 들지만, 이동 거리가 길어져서 한 일의 양은 변하지 않는다. 이렇게 도구를 이용해도 일의 양이 늘 일정한 것을 '일의 원리' 라고 한다.

3 그림은 병따개로 병뚜껑을 따는 모습을 나타낸 것이다.

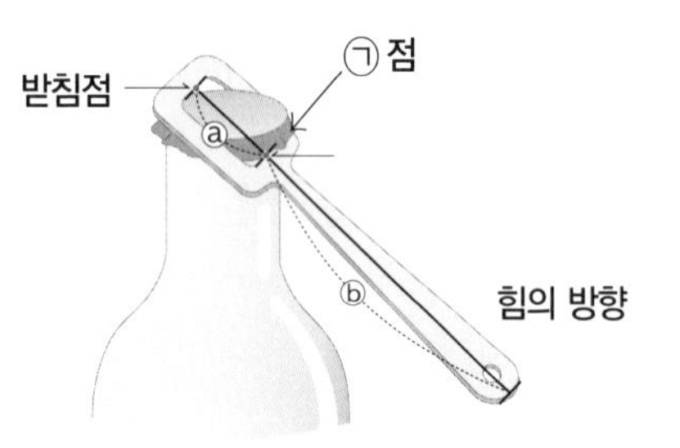

(1) ㉠점은 무엇인가?

예시 답안 작용점(물체가 놓이는 지점).

(2) a가 2cm이고 b가 8cm인 병따개가 있다고 하자. 이 병따개를 이용하면 얼마나 힘을 줄일 수 있는지 서술하여라.

예시 답안 받침점으로부터 작용점인 ㉠점까지의 거리 a=2cm, 받침점으로부터 힘점까지의 거리 a+b=10cm. 그러므로 힘을 $\frac{1}{5}$로 줄이는 지레다.

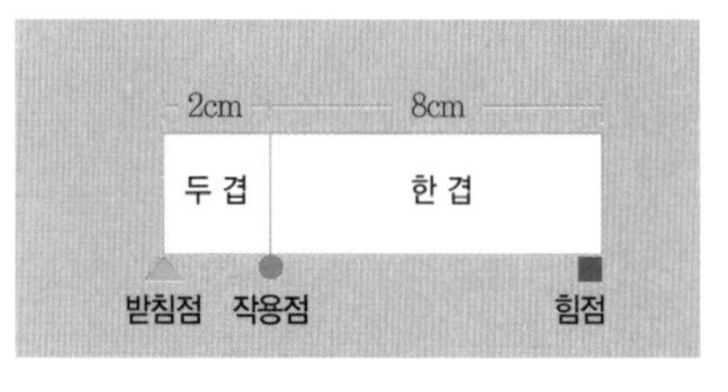

이른바 '접힌 지레' 모양인 병따개 지레. 받침점이 끝에 있다.

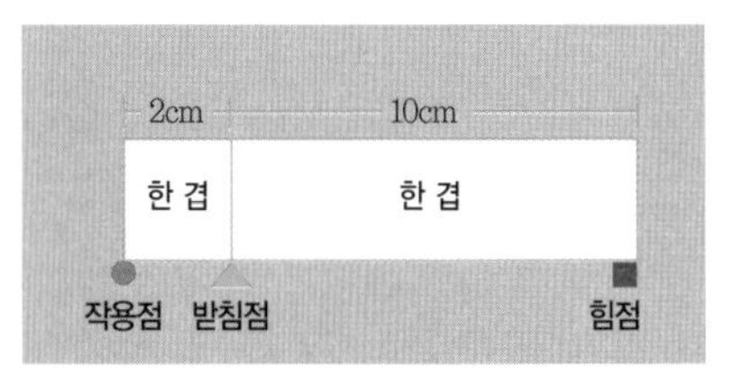

접힌 부분을 펼쳐 주면 받침점으로부터 작용점, 받침점으로부터 힘점까지의 거리를 확인할 수 있다.

*울 애제자들도 종이를 찢어서 간단하게 만들어 보길. 그러면 확실하게 이해할 수 있단다.

['지레의 원리, 가방 끈은 짧아야 가볍다!'를 울 애제자 나름대로 간략하게 정리해 보기]

요약정리하며 자신의 느낌과 생각을 꼭 추가할 것!! 서술형 평가와 과학 논·구술 대비가 절로 된단다.

humor page

과학자의 사랑 고백

고백을 받는 쪽도 과학자일 때 가장 효과가 큰 방법이라는구나~. 울 애제자들도 쌤의 책을 읽으면서 과학적 마인드가 Up Up 되고 있으니까, 이런 고백을 받으면 잘 알아들을 듯!

"당신은 밥에 단맛을 내는 글루코스보다도 달콤하군요."
"우리 사이의 마찰 계수가 얼마나 되는지 함께 살면서 측정해 보지 않겠습니까?"
"육식 공룡 벨로시렙터의 날카로운 발톱도 우리 사이를 갈라 놓지는 못할 거예요."
"우리, 다이아몬드를 구성하는 탄소 원자같이 튼튼한 공유 결합을 형성합시다."
"수컷이 암컷을 늘 등에 업고 다니는 기생충 '주혈흡충' 처럼, 당신과 평생을 같이하고 싶습니다."
"제 집에 가 보시지 않겠어요. 실시간 삼차원 가상현실 그래픽이 가능한 고성능 컴퓨터가 있는데…."
"당신에 대한 내 사랑을 미분하면 항상 양의 값을 가집니다. 왜냐하면 내 사랑은 늘 증가하니까요."

헛! 그리고 혹시 무서운 교감 선생님이 교문 앞에서 늘 버티고 계시는데 지각할 거 같으면 이 방법으로 머리를 감고 빨리 학교에 가는 건 어떨지? ㅋ하하하! 쌤 역시 아무리 바빠도 아직 이 방법을 실행에 옮기지는 못했단다!

바쁠 때 머리 감는 법

1. 머리에 물을 적당히 묻힌다.
2. 머리에 샴푸를 적당량 바른다.
3. 변기에 머리를 넣고 물을 내린다.

03 | 허겍! 세상이 온통 과학이네

숟가락은 오목거울도 되고 볼록거울도 되지!!

생활 속에서 만나는 빛의 반사 · 굴절의 원리

쌤이 지금부터 열심히 설명할 빛의 반사 · 굴절의 원리는 중1 과학의 'Ⅵ. 빛과 파동' 단원에서 배우는 중요한 내용이란다. 우리가 아침에 눈을 뜨는 순간 물체에 반사된 빛이 우리 눈 속의 투명 쫀득(탄력성이 짱이므로) 볼록렌즈인 수정체를 지나 굴절이 일어나면서 망막에 상이 맺히는 거니까, 그야말로 눈 뜨는 순간부터 잠자리에 들 때까지 하루 종일 빛의 반사와 굴절을 경험한다고 할 수 있지. ^^

그럼 지금부터 생활 속에서 경험하는 빛의 반사와 굴절에 대해 본격적으로 이야기를 시작하마! 흠흠.

빛의 반사와 굴절 - 다른 거야?

직진하던 빛이 물체에 닿아 되돌아 나오는 현상을 '빛의 반사' 라 부르고, 또 빛이 서로 다른 물질의 경계 면에서 진행 방향이 꺾이는 현상을 '빛의 굴절' 이라고 한단다. 빛의 반사는 거울에서 일어나고, 빛의 굴절은 렌즈를 통과하면서 일어나게 되지.

잘 찾아보면 우리 생활 곳곳에 빛의 반사와 굴절의 원리를 경험할 수 있는 물건들이 아주 아주 많단당.^^

울 애제자들이 아침에 눈을 뜬 다음엔 욕실에 가서 세수를 하잖니. 그러면 좌우가 반대로 보이는 평면거울이 왕자처럼 멋지고(남자 애제자의 경우. 흠흠), 또 공주처럼 예쁘고 깜찍 발랄한(여자 애제자의 경우. 호호) 모습을 반사해서 보여 주잖아.

그다음엔 울 애제자들이 뭘 하나? 식탁에 앉게 되지, 아침밥을 먹어야 하니까. 핫! 아침밥 절대로 거르면 안 되는 거 알지? 우리의 뇌는 '포도당' 만을 에너지원으로 사용하기 때문에 탄수화물이 들어간 아침 식사는 꼭 해야 한단다. 그래야 에너지 공급을 충분히 받은 우리의 뇌가 마구 회전하게 되면서 학교에서 열심히 공부할 수 있단다. 아침 식사로 밥 또는 빵을 꼭 먹자. 그래야 밥과 빵 속의 다당류인 '녹말' 이 침과 이자액 속의 아밀레이스에 의해 이당류인 '엿당' 으로 분해되고, 그다음에 장액 속의 말테이스에 의해 결국 단당류인 '포도당' 으로 완죤~히 분해되면서 우리 뇌가 이 포도당을 에너지원으로 사용할 수 있걸랑~.

흠아~ 아침 식사의 중요성을 강조하다 보니 빛의 반사와 굴절 이야기를 하다가 그만 중2 과학과 고2 생명과학 I 에서 배우는 소화, 순환, 호흡, 배설 관련 내용으로 건너가게 되어 버렸군.
에, 그러면 아침 식탁에서 우리가 또 어떻게 빛의 반사를 경험할 수 있는지 한 번 살펴보자. 밥을 먹기 위해 숟가락을 들었다면, 그전에 숟가락으로 세수를 예쁘게 잘~했는지 한 번 더 확인해 보자. 밥숟가락은 너무나 좋은 볼록거울과 오목거울이니까~.

숟가락의 바깥쪽은 볼록거울!!

우선 숟가락의 바깥쪽 볼록한 면부터 볼 것! 그러면 자신의 상반신 전체와 주변의 물건들이 모두 다 보이는 것을 관찰할 수 있단다. 볼록거울을 통해서는 항상 실제보다 작고 똑바로 되어 있는 작은 상들만 볼 수 있어서 범위를 넓게 볼 수 있는 장점이 있지. 이러한 볼록거울은 흔히 자동차의 백미러와 슈퍼나 문방구의 도난 방지 거울로 사용된단다. 볼록거울에서는 거꾸로 된 상은 절대로 볼 수가 없단다. 만약 볼록거울로 거꾸로 된 상이 보인다면 자동차의 백미러로 절대 사용할 수 없겠지. 운전하다 뒤를 확인하기 위해 백미러를 보았는데 세상이 뒤집어져서 보인다면? 뜨아! 생각하기도 싫다. 사고의 위험이 얼마나 크겠어. 에구.
운전을 안 하기 때문에 백미러는 잘 못 본다고? 핫, 버스를 타고 다닌단 말이지? 그래, 맞아. 울 애제자들이 아직 운전할 나이는 아니지. ㅋㅋ 에~ 그렇다면 승객들의 안전을 책임지시는 우리의 버스 기사 아저씨 옆에 달려 있는 거울을 다시 한 번 유심히 관찰하길! 그 거울에는 버스 안 전체가 모두 다~ 모조~리 다 보인단다! 거울에 비친 상의 크기는 작지만 넓은 범위를 보여 주는 바로 볼록거울 이거든.

숟가락의 안쪽은 오목거울!!

자~ 이제는 반대로 숟가락의 안쪽 오목한 면으로 한번 볼까? 핫! 쌤이 거꾸로 서 있네! 거꾸로 된 상을 볼 수 있지? 만약 산 지 얼마 안 된 새 숟가락이라면 더 잘 보인단다. 이제 숟가락을 얼굴 가까이 가져와 볼까? 다시 상이 바로 서면서 돋보기처럼 더 큰 상을 볼 수 있단다. 그래서 오목거울은 땀구멍까지 다 보기를 원하는 여자들의 화장 거울로 많이 사용되기도 하지.

반짝반짝하는 새 국자가 있다면 숟가락보다 더 크고 멋진 상을 볼 수 있지. 바로 이렇게 말이야.

국자로 본 볼록거울 – 볼록거울로는 항상 작고 똑바로 된 상만 보인단다!

국자로 본 오목거울 – 헛! 세상이 뒤집어졌다! 거꾸로 된 상이 보이네~.

빛을 모으는 렌즈는 볼록렌즈! 빛을 모으는 거울은 오목거울!

자동차의 헤드라이트나 손전등의 전구를 감싸고 있는 거울은 모두 오목거울인데, 이는 오목거울을 통해 빛을 모을 수 있기 때문이란다. 빛을 모아서 짠! 하고 깜깜한 곳을 향해 쏘아서 밝게 만들어 줄 수 있는 건 바로 손전등 속의 오목거울 덕분이지.

국자로 본 볼록거울. 볼록거울로는 항상 작고 똑바로 된 상만 보인단다.

오목거울이 빛을 모은다고요? 볼록한 게 빛을 모으는 거 아닌가요? 하고 묻는 애제자가 있을지도 모르겠구나. 헷갈리지 말 것! 렌즈 중에서는 '볼록렌즈'가 빛을 모으지만, 거울 중에서는 '오목거울'이 빛을 모은단다.

볼록렌즈가 빛을 모은다는 건 잘 알고 있을 것 같은데. 흠, 울 애제자들은 초딩 때 돋보기(즉, 볼록렌즈!)로 햇빛을 모아서 까만 종이를 태워 보았느뇨? 혹시 아직도 그 재미있는 불장난을 해본 적이 없다면 강추하노라! 돋보기는 동네 문방구에서 많이 투자하지 않아도 구입할 수 있단다. 꼭 한번 해보길! 그때 빛을 모으는 점이 바로 초점이지. 절대 잊어버리지 말 것! 렌즈 중에서는 볼록렌즈가, 거울 중에서는 오목거울이 빛을 모은다는 것 말이야. 특히 중1 애제자들이라면 학교 시험에 꼭 출제되는 중요한 내용이니까!

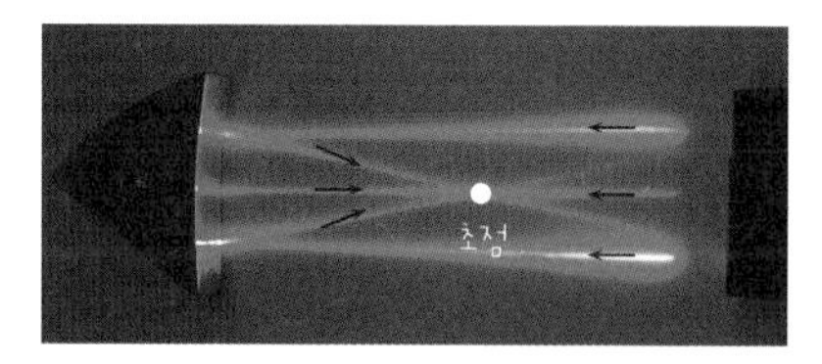

빛을 모아 주는 오목거울. 왼쪽에 위치한 오목거울에서 반사한 빛이 초점에 모인다.

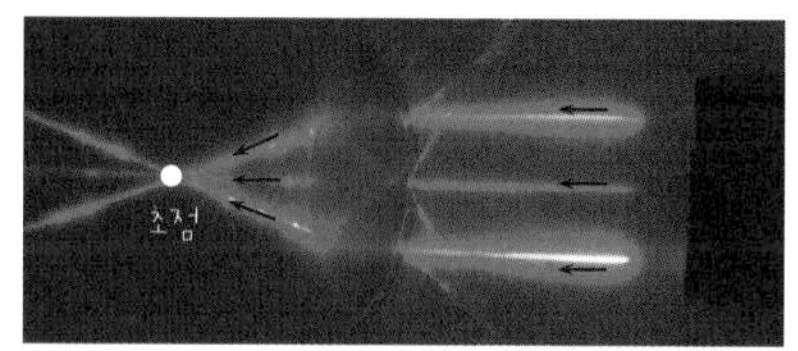

역시 빛을 모아 주는 볼록렌즈. 볼록렌즈를 통과한 레이저 빛이 초점에 모이는 것을 볼 수 있다.

영화에도 등장하는 숟가락 거울

쌤이 설명하는 숟가락 거울을 영화 속의 한 장면에서 본 적이 있단다. 스스로 목숨을 끊어 세상을 안타깝게 했던 이은주가 출연한 영화 〈번지점프를 하다〉에 보면 이런 장면이 나오지. 주인공인 이병헌과 이은주는 영화 속에서 서로 무척 사랑하는 사이인데, 등산을 하고 내려와 식당에서 밥을 먹기 전에 나음과 같은 대화를 나눈단다.

이병헌의 대사 : (숟가락의 오목한 면을 보며) "이것 봐라~. 이렇게 하면 거꾸로 보이는데…."

이병헌의 대사 : (숟가락의 볼록한 면을 보며) "이렇게 하면 똑바로 보인다. 알아?"

이렇게 숟가락을 이용한 볼록거울과 오목거울에 관한 공부를 확실히 하는 과학적인 장면인데, 쌤을 경악하게 한 이은주의 대사. "어, 정말 그러네. 이것도 볼록렌즈, 오목렌즈 그런 건가?"

아~ 이런 통탄할 일이! 숟가락은 절대로 볼록렌즈, 오목렌즈가 아니란당. 숟가락은 볼록거울, 오목거울이야. 숟가락은 빛을 굴절시키는 렌즈가 아니고 빛을 반사하는 거울이란 걸 다시 한 번 강조하는 바이오!

이은주의 대사 : "어, 정말 그러네. 이것도 볼록렌즈, 오목렌즈 그런 건가?"
뜨아~ 이건 옥의 티! NG야 NG! 렌즈가 아니라 '거울'이라고!

도대체 빛이 왜, why 꺾이냐고? 그거 안 꺾이면 안 되는 거야?

응! 빛은 꺾일 수밖에 없는 이유가 있단다. 빛의 꺾임을 바로 굴절이라고 하지. 자~ 그럼 이제 우리 생활 속에서 발견할 수 있는 빛의 굴절 이야기를 시작해 보도록 하마! 빛은 다른 매질을 만나면 굴절하게 된단다. 헛! 모르는 용어가 나왔다고? 흠, '매질'이란 말부터 거부감이 든다 이거지. 이 '매질'이란 용어를 어려워하는 애제자들이 더러 있더구나.

그런데 별스럽게 어려운 용어가 아니란다. 매질이라 함은 빛이 공기 중을 통과할 땐 '공기'가 '매질'이고, 물속을 지나갈 땐 '물'이 '매질'이 되는 거야. 숙제도 안 한 채 다리 꼬고 오줌 참으며 게임하다가 엄마한테 당하는 '매질'과는 좀 다른 매질이지. ㅎㅎ(마치 우리 집 아이 같군. 흠흠). 요즘의 첨단 분수대들은 물속에 조명 장치들이 있어서 멋진 광경을 연출하잖니. 분수대 속의 조명 장치에서 나온 빛은 물을 지나 공기 중으로 빛이 빠져나오게 되는데 이때 물과 공기가 바로 매질이란다.

그러면 먼저 빛이 공기에서 물로 들어갈 때 무슨 일이 생기는지부터 살펴볼까?

눈으로 확인하는 빛의 굴절 현상.

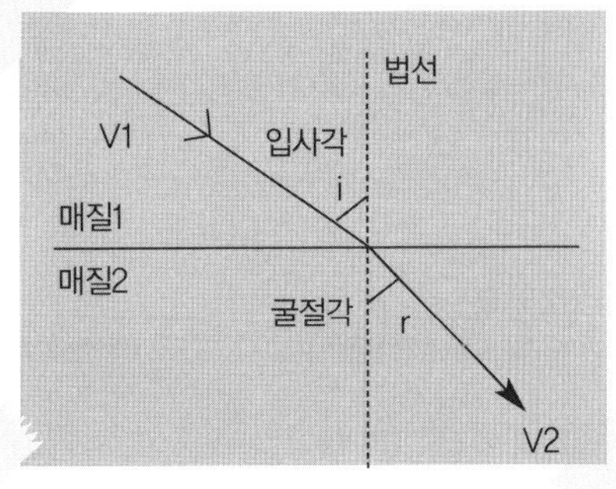

빛의 굴절 현상을 좀 더 자세히~.

사진과 그림을 보면 공기에서 물속으로 빛이 들어가면서 굴절하잖니. 이때 또 입사각과 굴절각이라는 용어가 있는데, 이 입사각과 굴절각은 모두 '법선'하구의 각이란다. 에구, 그럼 법선은 또 뭐냐? '법선'은 경계 면과 수직인 선을 말한단다. 그림에서 법선을 한 번 더 확인하길. 그림에서 빛이 공기에서 물로 들어가면서 굴절할 때 '입사각'보다 '굴절각'이 더 작아지는 것을 볼 수 있지?

빛이 공기 → 물 : 입사각 〉 굴절각

쌤도, 빛도 빨리 가고 싶어 해~

핫, 그런데 왜 이렇게 입사각보다 굴절각이 작아지면서 빛이 꺾이는 걸까? 정답은 빨리 가고 싶어서란다. 으흐흐^^ 자~ 다음 그림을 보아다옹~.

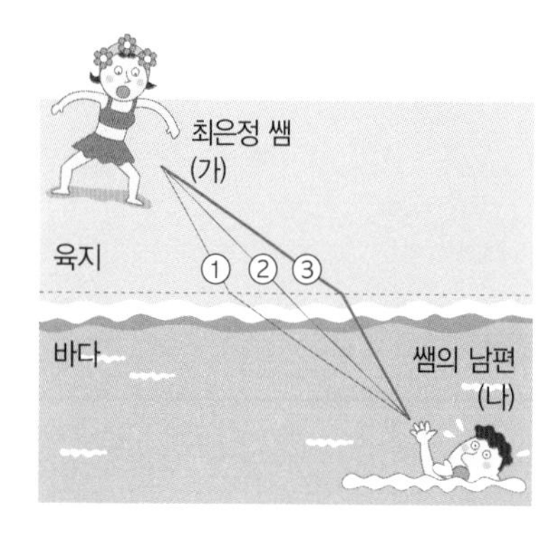

최은정 쌤이 물에 빠진 남편 빨리 구하러 가기.
②번이 아니라 ③번 코스가 제일 빠르다니까.

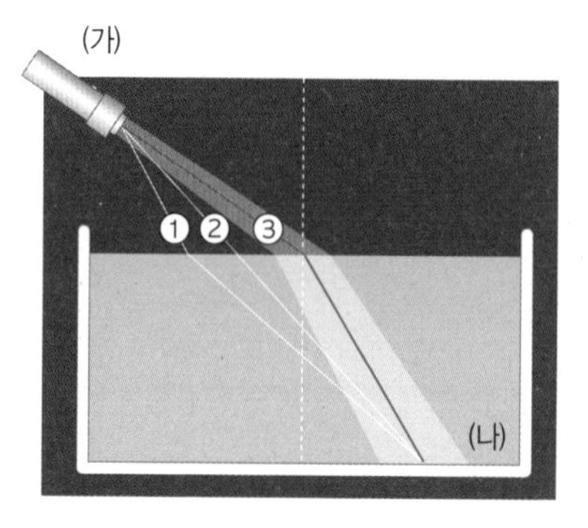

손전등의 빛이 공기를 지나 물속으로 들어갈 때도
역시 ③번 코스로 가는 것이 가장 빨리 갈 수 있단다.

그림과 같이 육지의 (가) 지점에 있는 최은정 쌤(수영을 정말 잘함. 으흐~)이 바다의 (나) 지점에 있는 쌤의 남편(일명 맥주병! 절대 수영 못함)을 구하러 가려고 한다. 어느 길로 갈 때가 가장 빠를까? 정답은 ③번!

정답이 ②번이라고 한 애제자들도 있지? 그래, 그래. 이른바 최단직선 거리는 ②번이고, ②번이 거리상으로는 가장 짧아.

그러나 쌤은 절대 '인어'가 아니므로 육지에서 뛰는 것이 바다에서 수영하는 것보다 훨씬 빠르단다! 물에 빠진 사람을 구할 땐 한시가 급한 것 알지? 맥주병인 쌤의 남편을 빨리 구해야 하잖니. 육지에서 뛰는 거리가 바다에서 수영하는 거리보다 짧은 ③번 길로 갈 때 쌤의 남편에게 가장 빨리 갈 수 있단다!

쌤처럼 빛도 마찬가지로 무조건 빨리 가려고 한단다. 매질이 달라지면 빛의 속력이 차이가 나걸랑. 공기에서보다 물속에서 빛의 속력이 더 느리기 때문에 속력이 더 빠른 공기 속을 지나간 거리가 속력이 느린 물속을 지나간 거리보다 더 길게 되고, 그러니까 빛도 똑같이 ③번 코스를 지나가게 되는 거지. ③번 코스로 진행하려면 경계 면에서 꺾일 수밖에 없잖니.

방금 위의 두 그림에서 [육지 – 공기 / 바다 – 물 / 최은정 쌤 – 빛] 이라고 연결 지어 생각해 보면 바로 이해가 될 거야. 에, 그럼 한번 정리를 해볼까?

최은정 쌤의 속력 : 육지 〉 바다
최은정 쌤이 지나간 거리
: 육지에서 뛴 거리 〉 바다에서 수영한 거리

빛의 속력 : 공기 〉 물
빛이 지나간 거리
: 공기 속을 통과한 거리 〉 물속을 통과한 거리

이렇게 ③번 코스로 가다 보면 결국 입사각 〉 굴절각이 되는데, 빛이 속력이 느린 매질인 물속으로 들어가면서 굴절각이 작아진다!라고 기억해 두면 되겠구나.

떠올라 보이는 색연필, 물고기 그리고 헛! 숏바디까지

그럼 이러한 빛의 굴절 현상 때문에 어떤 일이 생길까? 울 애제자들은 아래의 사진처럼 물에 잠긴 부분이 떠올라 보이는 색연필을 본 적이 있느뇨? 사실 색연필을 물속에 이렇게 담가 놓을 일은 없지만, 유리컵에 담긴 음료수 속에 빨대를 꽂아 놓았을 때나 그림을 그리기 위해 물통 속에 붓을 넣었을 때(물론 물통 속의 물이 물감으로 불투명해지기 전에 말이야^^) 같은 현상을 볼 수 있단다. 제대로 관찰한 적이 없다면 당장 실험 시작!! 부엌에 가서 유리컵에 물 따르고 숟가락(젓가락도 좋아 좋아~)을 담가 본다. 실시! 그러고 나서 물 한 잔 시원하게 마시면서 쌤의 책을 읽으면 좋~잖니.

물속에 잠긴 부분은
더 떠올라 보이는 색연필.

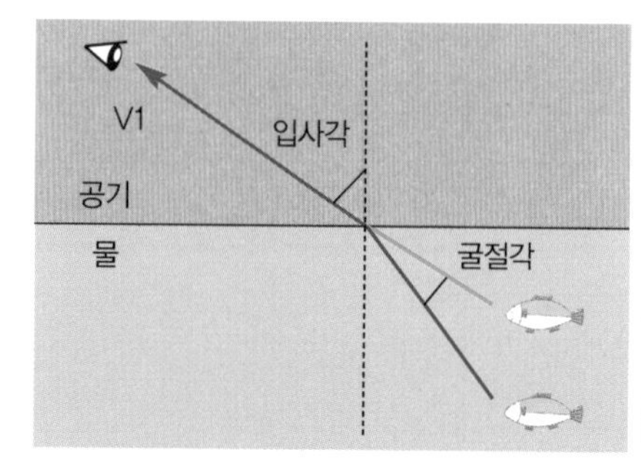

우리 눈에 보이는 위치
↑ 떠올라 보인다.
물고기의 실제 위치

빛의 굴절 현상 때문에 떠올라 보이는 물고기!

울 애제자들이 빛의 굴절에 대해 공부하면서 잘못 생각하고 자주 틀리는 것이 바로 이것인데, 왜 굴절각은 더 작아졌는데 색연필은 반대로 떠올라 보이느냐 하는 것이지!

눈으로 본 것이 모두 진짜는 아니야!

그 이유는 우리 눈이 착각을 많이 하기 때문이란다. 눈으로 본 것이 모두 사실은 아니라는 거지. 계속 켜져 있는 것 같은 형광등도 사실은 엄청 많이 깜박거리고, 움직인다고 생각하는 영화나 동영상도 사실 1초에 30장 정도의 사진이 연결되어서 움직이는 것처럼 보이는 거걸랑. 잔상이 남아 있기 때문에 그렇단다.

또 우리 눈이 착각하는 것 중 하나가 '빛은 항상 직진한다'는 거란다. 물고기로부터 반사되어 나온 빛은 사실 굴절해서 우리 눈으로 들어오게 되는데, 우리 눈은 이것도 직진해서 온 것으로 착각을 해 버리는 거지. 그래서 실제로 물고기가 있는 위치보다 더 위쪽에 물고기가 있는 것으로 착각을 한단다. 결국 실제 위치보다 물고기가 더 떠올라 보이는 거지.

영화 〈캐스터 어웨이〉의 주인공, 톰 행크스.
어떻게 하면 물고기를 잘 잡을까 고민 중.

어느 날 갑자기 무인도에 뚝 떨어져 무지 고생하는 남자의 생존 이야기를 다룬 영화 〈캐스트 어웨이〉를 보면, 무인도에 처음 도착해서 물고기를 창으로 잡아보려고 하나 제대로 잡지 못하고 헤매는 장면이 나온단다.

우리 눈에 보이는 물고기는 약간 떠올라 보이기 때문에, 물고기를 잡으려면 눈에 보이는 위치보다 살짝 아래쪽을 찔러 줘야 하거든. 그런데 우리의 주인공 톰 행크스는 과학 공부를 열심히 하지 않았는지 그걸 잘 모르는 것 같아. 그래서 물고기 사냥을 제대로 못하고 애를 먹는단다.

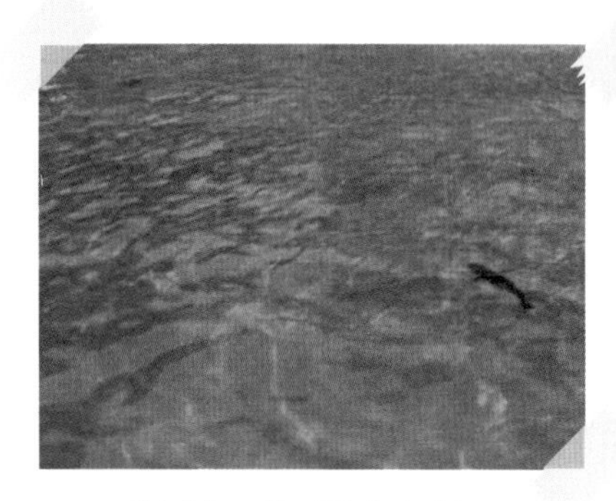

맑은 물속의 약간 떠올라 보이는 물고기.

물고기가 눈에 보이는 위치보다
살짝 아래쪽을 찔러야 한단다.

물속에 잠긴 부분은 이렇게 떠올라 보이기 때문에 몸통 부분이 물속에 잠겨 있으면 사진처럼 숏바디가 되기도 한단다.

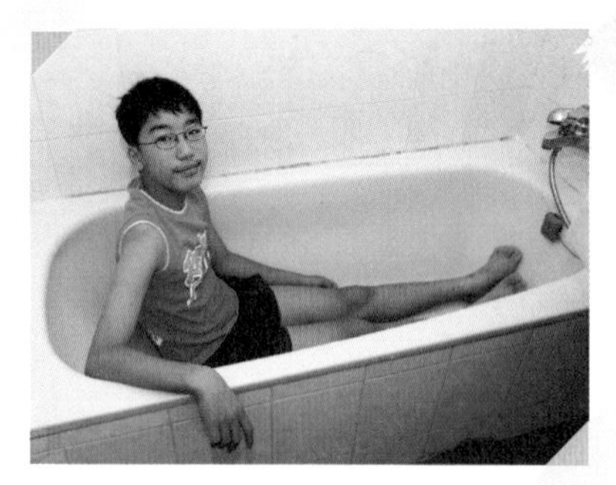

물이 없는 상태. 몸통이 훨씬 길어 보이는구나.

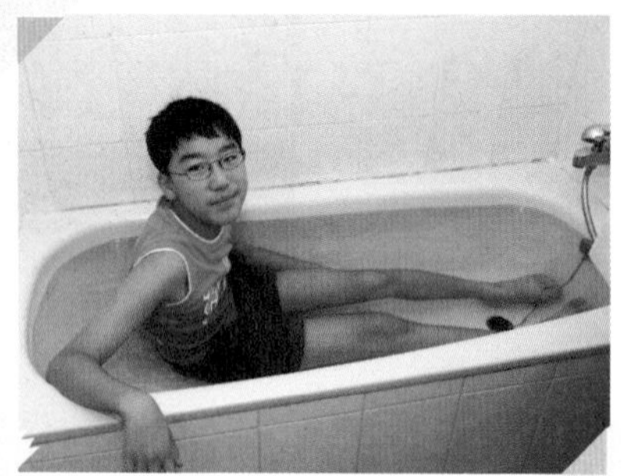

욕조에 물을 채웠더니 흠아~ 숏바디가 되었네~.

물속의 색연필이 꺾여 보이는 것도, 물고기가 실제 위치보다 살짝 떠올라 보이는 것도, 또 솟바디가 되는 것도 모두 모두 '빛의 굴절 현상' 때문이란다.

와우~ 정말 재미있지?

과학은 원래 이렇게 즐거운 거란다~.

교과서 어디?

'빛의 반사 · 굴절의 원리'와 직결되는 교과 단원

중1 과학 Ⅵ. 빛과 파동 1. 물체를 보는 원리 3.거울과 렌즈

고2 물리학1 Ⅲ. 파동과 정보통신 1.파동의 성질과 활용

고3 물리학2 Ⅲ. 파동과 물질의 성질 1. 전자기파의 성질과 이용

학습 포인트
생활 속에서 만나는 빛의 반사 · 굴절의 원리

빛을 반사하는 거울과 빛을 굴절시키는 렌즈!

1) 볼록거울과 오목거울

① 볼록거울 : 상의 크기는 실물보다 작고, 볼 수 있는 범위가 넓~다.
예) 자동차의 백미러, 슈퍼마켓 안의 도난 방지용 볼록거울, 버스 운전기사님 오른쪽 옆에 있는 거울*(버스 안의 사람들이 다~ 보이잖아)*

② 오목거울 : 물체를 확대해서 보거나 빛을 모을 때 사용한다.
예) 여자들의 화장 거울, 자동차 헤드라이트 등

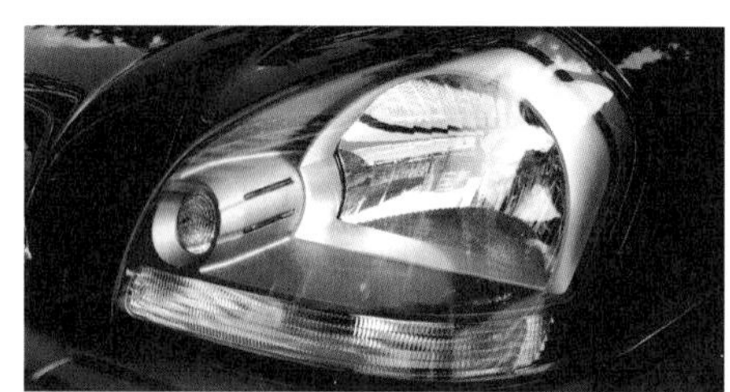

2) 볼록렌즈와 오목렌즈

① 볼록렌즈 : 렌즈를 지나는 빛을 모이게 해~ 물체가 확대되어 보인단다.

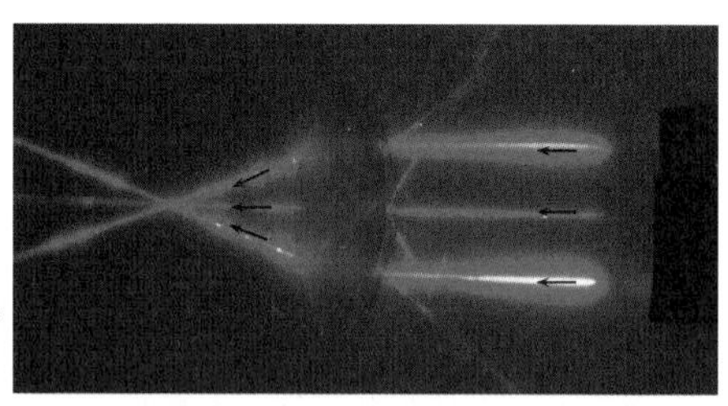

② 오목렌즈 : 렌즈를 지나는 빛을 퍼뜨려~ 물체가 축소되어 보인단다.

★☆★ 렌즈는 볼록렌즈가, 거울은 오목거울이 빛을 모은다는 사실! 잊지 마~.

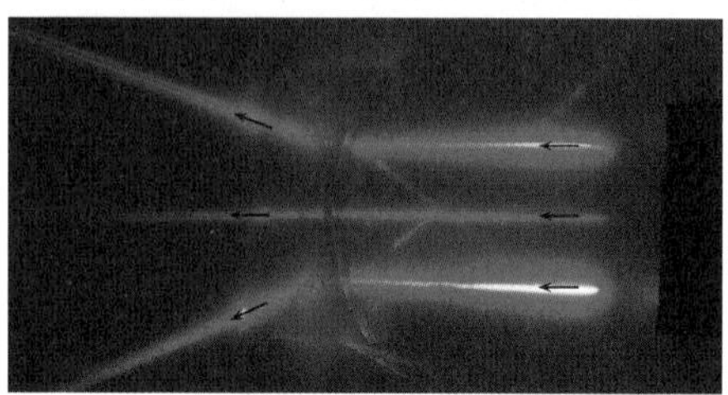

'생활 속에서 만나는 빛의 반사 · 굴절의 원리'와 관련된 서술형 평가의 예

1 평면거울, 볼록거울, 오목거울에 맺히는 상의 특징을 각각 서술하고 각 거울을 생활 속에서 이용한 예를 두 가지 이상 적어 보아라.

2 컵에 동전을 넣고 앞에서 보았는데 동전이 보이지 않았다. 그런데 컵에 물을 부었더니 동전이 보이게 되었다. 이 마술 같은 현상에 대해 과학적으로 설명해 보아라.

물을 붓기 직전. 절대 동전이 안 보여! 동전이 들어 있기는 한 거야?

헛! 물을 부으면서 동전이~ 동전이~ 약간씩 보일 듯 말 듯.

와우~ 이제는 동전이 완전히 보인다. 500원짜리였군. 흠흠.

'생활 속에서 만나는 빛의 반사 · 굴절의 원리'와 관련된 서술형 평가의 예 + 예시 답안

문제와 답을 한눈에 알아볼 수 있도록 문제를 한 번 더 써 놓았단다!

1 평면거울, 볼록거울, 오목거울에 맺히는 상의 특징을 각각 서술하고 각 거울을 생활 속에서 이용한 예를 두 가지 이상 적어 보아라.

예시 답안 평면거울은 물체의 크기가 같고 좌우가 바뀐 상이 생긴다. 생활 속에서 이용한 예로는 손거울, 욕실 거울 등이 있다. 볼록거울은 똑바로 된 물체보다 작은 상이 생기면서 넓은 범위를 볼 수 있다. 생활 속에서 이용한 예로는 자동차의 백미러, 슈퍼마켓의 도난 방지 거울, 커브 길에 세워진 사고 방지용 거울 등이 있다. 오목거울은 거울에서 멀리 떨어져 있을 때는 거꾸로 된 작은 상이 보이고, 가까이 가면 똑바로 된 큰 상이 보인다. 또 반사한 빛을 한 점에 모은다. 생활 속에서 이용한 예로는 손전등, 자동차의 헤드라이트 속에 들어 있는 거울 등이 있다.

2 컵에 동전을 넣고 앞에서 보았는데 동전이 보이지 않았다. 그런데 컵에 물을 부었더니 동전이 보이게 되었다. 이 마술 같은 현상에 대해 과학적으로 설명해 보아라.

물을 붓기 직전. 절대 동전이 안 보여! 동전이 들어 있기는 한 거야?

헛! 물을 부으면서 동전이~ 동전이~ 약간씩 보일 듯 말 듯.

와우~ 이제는 동전이 완전히 보인다. 500원짜리였군. 흠흠.

예시 답안 공기와 물의 경계 면에서 빛이 굴절하였기 때문이다. 빛의 굴절 현상으로 인해 물속에 들어 있는 물체가 실제 위치보다 더 떠올라 보이는 것이다. 그래서 보이지 않던 동전이 실제 위치보다 더 위쪽으로 떠올라 보이기 때문에 동전을 볼 수 있게 된 것이다.

'생활 속에서 만나는 빛의 반사 · 굴절의 원리' 를 울 애제자 나름대로 간략하게 정리해 보기!

요약정리하며 자신의 느낌과 생각을 꼭 추가할 것!! 서술형 평가와 과학 논 · 구술 대비가 절로 된단다.

humor page

쌤도 논문을 쓰면서 실험실 생활을 꽤 오래 했지! 흠흠.
그래서인지 이 유머가 가슴에~~ 가슴에 와 닿는구나!

괴로운 실험실 생활

박사 과정 학생, 석사 과정 학생 그리고 교수 이렇게 3명이 점심 식사를 하러 가면서 교정을 걷고 있었다. 그런데 길옆의 화단에 오래된 기름 램프가 있었다. 이들이 신기하게 여기면서 램프 겉을 문지르자, 자욱한 연기와 함께 말로만 듣던 램프의 요정이 나와 말했다.
"저는 세 가지 소원만 들어 드립니다. 한 가지씩 저에게 말씀해 주세요."
먼저 석사 과정 학생이 재빨리 앞으로 나서며 말했다.
"나는 슈퍼모델과 함께 아늑한 남태평양 섬에서 지내고 싶어."
이 말과 함께 석사 과정 학생은 사라졌다.
다음에는 박사 과정 학생이 말했다.
"나는 내 애인과 함께 하와이에서 쉬고 싶어."
그러자 박사 과정 학생도 사라졌다. 램프의 요정이 교수에게 말했다.
"다음엔 당신 차례입니다."
교수는 아무 망설임 없이 이렇게 말했다.
"나는 아까 있던 두 사람이 점심 식사를 마친 뒤 바로 실험실로 돌아왔으면 하네."

즐거운(?) 실험실 생활

실험실의 쥐 두 마리가 대화를 나눈다.
흰 쥐 : 야~ 너 살쪘구나? 좋아 보인다. 담당 교수하고는 잘 지내니?
검은 쥐 : 그래, 좋아. 교수하고는 잘 지내고 있어.
흰 쥐 : 어떻게?
검은 쥐 : 응, 내가 벨만 누르면 밥을 주도록 잘 길들여 놨어.

04 | 허걱!! 세상이 온통 과학이네

상태 변화와 열 손난로와 뷰테인가스 통 & 스프레이

상태 변화에 따른 발열 반응과 흡열 반응

물질의 상태 변화에 대한 것은 중1 과학의 'V. 물질의 상태 변화'에서 공부한 후, 중2 과학의 'VI. 물질의 특성' 단원 중 어는점과 끓는점에 대한 중단원에서도 반복해서 배우게 되는 중요한 내용이야. 쌤이 늘 강조하지만 교과서에서 이론적으로 배우는 상태 변화에 대한 내용들은 사실 우리가 생활 속에서 다~ 경험하는 것들이란다.

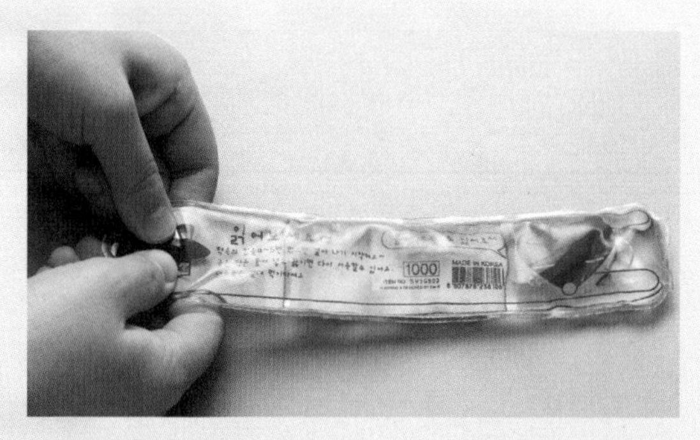

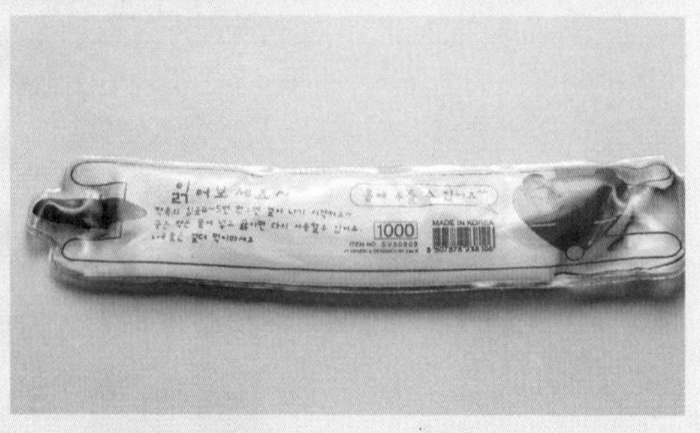

손난로는 액체에서 고체로 변하면서 열을 펄펄 내놓는다!

손난로 알지? 낙엽이 우수수 떨어지고 나서 한반도를 찾아오는 차가운 시베리아 고기압이 맹위를 떨치기 시작하면 찾게 되는 물건이 바로 문방구에서 500원만 투자하면 추운 겨울에 손을 뜨뜻하게 지져 주는 손난로잖아.

특히 수능 시험 보는 날에 인기지. 11월은 그렇게 추울 때가 아닌데도 수능 시험 보는 날은 왜 그리 항상 추운지. 울 수험생들은 아무래도 긴장하니까 더 추울 거야. 쌀쌀한 아침 날씨에 따뜻한 손난로 하나는 아주 큰 힘이 되지!

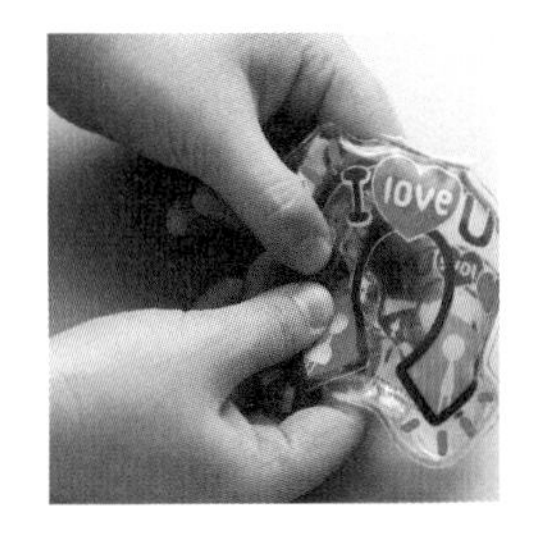

고체로 되기 전의 말랑말랑한 손난로

변하기 시작!!

고체로 하얗게 굳어 버린 손난로

울 애제자들은 마치 물처럼 투명한 액체가 들어 있는 손난로를 사 본 적이 있니? 이 손난로 속에는 싸이오황산나트륨(sodium thiosulfate)이 물에 용해된 액체 상태로 들어 있다가 고체로 하얗게 변하면서 열을 펄펄 내걸랑. 액체 상태에서 고체로 될 때는 알갱이들 사이가 가까워지면서 알갱이들의 운동도 조용해지지. 이렇게 액체에서 고체로 상태 변화를 하면서 열에너지를 내게 되고, 이 열에너지 덕에 손난로가 따뜻해지는 거란다. 그런데 싸이오황산나트륨이 뭐냐고? 화학식은 $Na_2S_2O_3$. 아직 중딩인 학생들은 이 화학식까지는 몰라도 된단당. But, 고딩 애제자들은 한 번 더 봐 두길! 이 화합물은 '하이포' 라고 부르기도 하지. 이 하이포는 수돗물의 염소를 없애는 데 사용되는 물질이기도 한데, 예전엔 금붕어 파는 가게 등에서 구할 수 있었지만 요즘은 팔지 않아서 화학 약품 파는 곳에서나 구할 수 있단다.
하이포가 있으면 손난로를 직접 쉽게 만들 수 있단다. 쌤은 상태 변화에 대해 강의할 때 이 하이포와 지퍼 백, 금속 조각 등을 준비해서 손난로 만드는 실험을 학생들과 함께 직접 한단다.
손난로뿐 아니라 온찜질 팩 속에도 하이포가 들어 있는 경우가 있는데, 그것도 역시 액체에서 고체로 변하면서, 즉 응고하면서 열을 마구 방출하는 경우란다. 그래서 뜨뜻하게 찜질을 할 수 있는 거지~.
손난로나 온찜질 팩처럼 열이 펄펄 나는 것을 바로 '발열 반응' 이라고 한단다.

뷰테인가스 통은 열을 흡수하면서 시원해져~

에, 또 우리가 생활 속에서 경험하는 상태 변화 중에는 손난로와 반대인 경우도 있단다. 열을 흡수하면서 시원해지는 것이지!
뷰테인가스 통에서는 통 속의 높은 압력으로 인해 액체 상태이던 뷰테인이 밖으로 뿜어져 나오면서 기체로 변하게 되는데, 바로 이때 물질을 이루는 알갱이들이 마구 마구 운동하게 되고 그러면서 에너지가 필요하니까 주변의 열에너지를 흡수한단다.
그러다 보니 뷰테인가스 통은 차가워지게 되는 거지. 이런 반응을 과학에서는

'흡열 반응'이라고 한단다.

뷰테인가스를 사용하는 휴대용 가스레인지로 삼겹살 구워 먹은 뒤 불을 끄고 나면 바로 가스통 뚜껑을 열어서 한번 확인해 봐! 만져 보면 가스통이 무진장 차가워져 있어. 시원해~. 잊지 말고 꼭 한번 시험해 보길!

공기 중에 수증기가 많은 여름엔 이렇게 차가워진 뷰테인가스 통에 물방울이 쫘악 맺혀 있는 것도 볼 수 있단다. 가스통이 마치 땀을 흘리는 것처럼 보이지. 뷰테인이 액체에서 기체로 변할 때 열을 흡수하면서 가스통이 너무 차가워지니까, 공기 중의 수증기가 뷰테인가스 통 표면에서 액화(기체 → 액체)된 거란다. 흠아~ 여러 가지 상태 변화를 삼겹살 구워 먹으면서도 볼 수 있네~.

스프레이 통도 뿌리면 시원해진다니깐!!!

뭐라고? 삼겹살 구워 먹을 때까지 도저히 못 기다리겠다구? 그러면 집에 있는 스프레이 제품(헤어스프레이, 파리 · 모기 잡는 에프킬라, 곰팡이 제거제, 방향제 등등 여러 스프레이 제품들~ 어떤 것이라도 쪼아! 쪼아!)을 가져다 쉬익~ 뿌려 볼까? 한두 번 해서는 느껴지지 않지만 여러 번 확~ 뿌려 보면 손에 든 스프레이 통이 차가워지는 걸 느낄 수 있단다.

스프레이 통을 흔들어 보면 액체가 들어 있는 걸 알 수 있지? 스프레이 통 속의 높은 압력으로 인해 액체 상태로 들어 있던 충전 가스가 기체 상태로 뿜어져 나오면서 주변의 열을 흡수하기 때문에 차가워지는 거야.

① 입자들 사이가 점점 가까워지고 덜 움직이게 되는 상태 변화

기체 → 액체 → 고체 (열을 방출 : 열이 펄펄 나! 뜨거워!)

② 입자들 사이가 점점 멀어지고 마구 마구 운동하게 되는 상태 변화

고체 → 액체 → 기체 (열을 흡수 : 식어 버리네~ 시원해~)

아~ 이때 주의할 점이 있어!! 절대로 요리 중인 가스레인지 근처에서 스프레이 분사 실험을 하면 안 되고, 또 아빠가 담배 피우시는 근처에서도 하면 안 돼! 큰 불이 날 수도 있으니까!

집에 있는 파리 · 모기약 에프킬라나 헤어스프레이에 어떤 가스가 충전되었는지 한번 관찰해 볼까?

요즘 시판되는 여러 가지 스프레이 제품에는 충전 가스로 'LPG'가 들어 있단다.

예전엔 프레온가스(정식 명칭은 염화불화탄소[CFC], 화학식은 CCl_3F 등)를 충전 가스로 넣었지만 프레온가스는 울 애제자들이 잘 알듯이 오존층 파괴와 온실 효과의 주범이기에 요즘에는 사용하고 있지 않지. 프레온가스는 불도 붙지 않고 대단히 안정된 물질이라 너무 너무 좋았는데, 심하게 안정된 물질이다 보니 분해되지 않고 그대로 오존층까지 올라가 자외선을 흡수하는 오존층을 파괴해서 문제란다.

요즘의 스프레이에는 불이 확 붙는 LPG가 들어 있단다!! 자나 깨나 불조심!

그래서 프레온가스 대신 충전 가스로 넣는 LPG는 '프로페인 + 뷰테인'으로 불이 붙는 기체, 즉 가연성 기체야. 아주 아주 조심해야 해요! 특 주의!

스프레이 제품에 충전 가스명 'LPG'라고 적혀 있단다. 확인!

헤어스프레이에서 나오는 가스에 불을 붙이는 장면. 정말 불이 확! 붙네~.

이 충전 가스 때문에 일본의 한 청년이 부모와 함께 살고 있는 집을 홀랑 태웠다고 하더라~. 일본 고쿠 지방의 마쓰야마에 사는 오니시 타슈오(22세)는 모기 한 마리를 잡기 위해 살충제를 가득 뿌린 후에 담뱃불을 붙이는 실수를 저질렀는데, 이렇게 발생한 불은 삽시간에 온 사방으로 번져 오니시의 집을 잿더미로 만들었다고 일본의 마이니치 신문에 났었단다. 이처럼 스프레이 제품 속의 충전 가스는 상당히 위험한데, 아직도 이런 사실을 잘 모르는 사람이 많단다. 울 애제자들은 가족들에게 스프레이 속의 충전 가스가 얼마나 불이 잘 붙는지 꼭 알려 드리길!

와우, 스프레이 속 가스의 가연성을 이용해서 위기 상황을 모면할 수도 있네!

그런데 이러한 충전 가스의 가연성에 대해 그대로 관찰할 수 있는 장면을 영화 〈페이첵(Paycheck)〉(2003)에서 찾아 볼 수 있단다. 벤 애플릭이라는, 선생님의 남편보다 조금 못생긴(?) 배우가 나오는 영화인데, 으흐~ 자신의 목숨을 노리는 나쁜 사람들을 물리치기 위해 현명하게도 스프레이 속 가스의 가연성을 이용하더군.

상대방은 총을 들고 쫓아오는데, 무기도 전혀 없이 바로 죽임을 당할 위기에서 주인공은 헤어스프레이를 분사하면서 불을 붙여 자신의 목숨을 위협하는 사람으로부터 벗어날 수 있는 시간을 벌게 된단다. 스프레이에 충전된 위험한 가스인 LPG를 역이용하는 거지. 이 헤어스프레이 덕에 주인공은 목숨을 건질 수 있었단다.

바로 이 장면에서 "흠아~ 저 스프레이 속엔 프로페인과 뷰테인의 혼합물인 LPG가 들어 있고, LPG의 연소로 주인공이 목숨을 구하는군" 하면서 영화를 본다면, 우리는 영화를 보면서도 과학 공부를 하는 거지. 'Science in the Movie' 라고나 할까? 흠흠.

LPG의 성분인 프로페인과 뷰테인의 끓는점은 각각 −47℃와 −0.5℃로 끓는점이 많이 차이가 난단다. 중2 과학의 'Ⅵ. 물질의 특성'에서는 프로페인과 뷰테인을 끓는점의 차이로 분리하는 내용이 나오고, 중3 과학의 'Ⅰ. 화학 반응의 규칙과 에너지 변화' 라는 단원에서는 탄소와 수소의 화합물인 프로페인과 뷰

LPG가 들어 있는 조그만 헤어스프레이.

라이터를 켜며 적을 향해 스프레이 분사 준비!

분사하는 즉시 LPG의 연소 시작!

LPG의 격렬한 연소로 적을 물리친다!! 흠흠.

테인을 연소하여 그 연소 생성물로 이산화탄소와 물을 확인하는 내용이 문제로 출제되기도 하지.

그리고 고딩이 되어 화학 1을 배우게 되면 'Ⅲ. 화학 결합과 분자의 세계' 이라는 단원에서 우리가 흔히 사용하는 연료인 LNG와 LPG에 대해 자세히 공부하게 된단다.

겨울에 손난로를 손에 들고서, 또 삼겹살을 구워 먹으면서 뷰테인가스 통을 관찰하고, 스프레이 제품을 사용하면서 우리는 과학 공부를 할 수 있어!! 과학 원리를 알고 나면 아무 생각 없이 평소에 지나치던 것들이 완전히 달라 보인단다.

새로운 의미로 우리에게 다가오게 되지!

울 애제자들이 교과서에서 배운 과학 지식을 평소의 생활 속에서 발견하고 기뻐하다 보면 기대하는 좋은 과학 성적은 보너스로 저절로 따라오게 되어 있단다!

교과서 어디?

'상태 변화'와 직결되는 교과 단원

중1 과학 Ⅳ. 기체의 성질 4.기체의 온도와 부피의 관계
Ⅴ. 물질의 상태 변화 단원 전체

중2 과학 Ⅷ. 열과 우리 생활 1.온도, 열의 이동 방식

중3 과학 Ⅰ. 화학 반응의 규칙과 에너지 변화 1.물리 변화, 화학 변화

고2 화학1 Ⅵ. 역동적인 화학 반응 3.화학 반응과 열

고3 화학2 Ⅰ. 물질의 세 가지 상태와 용액 1.물질의 세 가지 상태
Ⅱ. 반응엔탈피와 화학 평형 1.반응엔탈피

학습 포인트

상태 변화에 따른 열의 출입

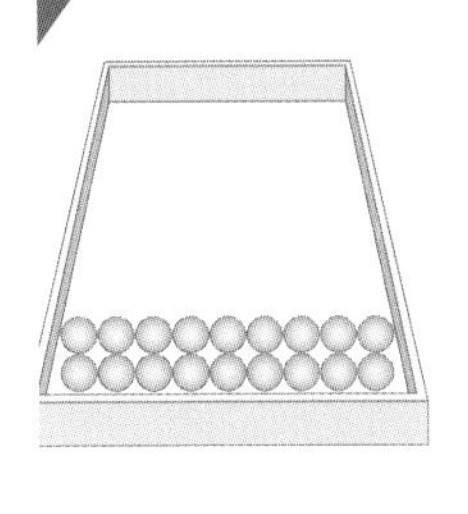

고체

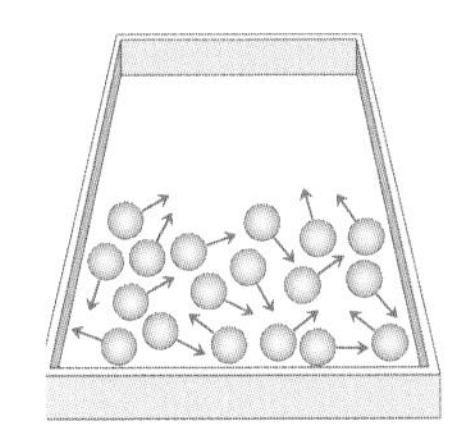

액체

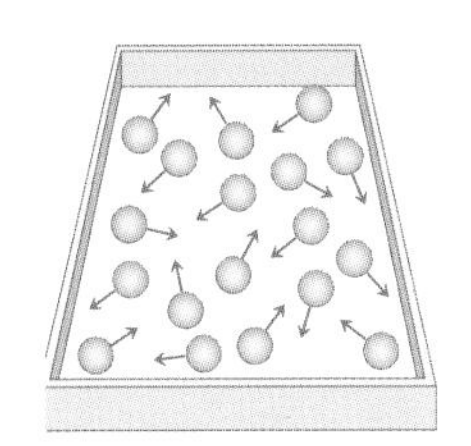

기체

● 물질의 상태와 알갱이들의 인력, 분자 운동

1 알갱이 사이의 거리

: 고체 〈 액체 〈 기체

2 알갱이 사이에 작용하는 인력의 크기

: 고체 〉 액체 〉 기체

알갱이들 사이의 거리가 멀수록 인력은 작아진단다. 연인들도 몸이 떨어지면 맘도 멀어진다고 하잖니. 똑같단다. 흐흐~

3 알갱이들이 가지는 에너지의 크기

: 고체 〈 액체 〈 기체

고체에서 액체로 될 때, 그리고 액체에서 기체로 되면서 열을 흡수하잖아. 점점 더 업(UP)된 상태로 가는고야~~.

4 알갱이들의 운동이 활발한 정도

: 고체 〈 액체 〈 기체

알갱이 사이의 거리가 멀수록, 인력이 작을수록, 알갱이들이 에너지를 더 많이 가지고 있을수록 → 당연히 알갱이 운동이 더 활발해진단다. 흠흠.

5 부피 변화

대부분의 경우는 고체 〈 액체 〈〈〈〈〈 기체. but, 물은 액체 〈 고체 〈〈〈〈〈 기체.

● 손난로 : 액체 → 고체(열을 방출) ➡ 우리는 뜨뜻해진단다. 흐흐~.

● 뷰테인가스 통, 스프레이 분사 : 액체 → 기체(열을 흡수) ➡ 통이 차가워지는 것을 느낄 수 있지! (핫! 스프레이 제품의 충전 가스는 대부분 LPG ➡ 가연성 기체니까 특히 조심해야 한다!)

'상태 변화'와 관련된 서술형 평가의 예

1 우리가 생활 속에서 발견할 수 있는 상태 변화에는 어떤 것들이 있는가? 열의 출입 관계도 같이 서술하여라.

2 다음의 현상들은 어떤 상태 변화가 일어나는 과정인지, 그리고 이때 열의 출입은 어떻게 되는지 서술하여라.

(1) 겨울철, 처마 끝에 고드름이 생겼다.

(2) 바닷가에서 수영을 하고 나오니 온몸이 부르르 떨렸다.

3 덥고 건조한 기후에서 살던 고대 이집트인들은 냉장고가 없었잖니. 그래도 시원한 물을 마실 수 있었단다. 현명하게도 그들은 굽지 않고 굳힌 흙 그릇을 이용하였는데, 그 흙 그릇에는 미세한 구멍들이 많이 나 있어서 물을 넣어 두면 그 구멍으로 물이 조금씩 새어나왔는데, 그때 옆에서 부채질을 해서 물을 시원하게 만들었다고 하네. 물이 시원해진 원리를 서술하여라.

'상태 변화'와 관련된 서술형 평가의 예 + 예시 답안

문제와 답을 한눈에 알아볼 수 있도록 문제를 한 번 더 써 놓았단다!

1 우리가 생활 속에서 발견할 수 있는 상태 변화에는 어떤 것들이 있는가? 열의 출입 관계도 같이 서술하여라.

예시 답안 • 겨울에 자동차 유리에 얼어붙은 서리 : 기체 → 고체(열을 방출)
• 차가운 컵 주변의 물방울 : 기체 → 액체(열을 방출)
• 양초가 녹을 때 : 고체 → 액체(열을 흡수)
• 초콜릿을 입 속에 넣었을 때 : 고체 → 액체(열을 흡수)
• 젖은 빨래를 널어서 말릴 때 : 액체 → 기체(열을 흡수)
• 찌개를 계속 끓이면 국물이 졸아든다 : 액체 → 기체(열을 흡수)
• 옷장 속의 나프탈렌이 사라졌다 : 고체 → 기체(열을 흡수)

2 다음의 현상들은 어떤 상태 변화가 일어나는 과정인지, 그리고 이때 열의 출입은 어떻게 되는지 서술하여라.

(1) 겨울철, 처마 끝에 고드름이 생겼다.

예시 답안 물이 얼어서 고드름이 생기니까 '액체 → 고체'로 상태 변화한 것이고, 이때는 열을 방출하게 된다.

(2) 바닷가에서 수영을 하고 나오니 온몸이 부르르 떨렸다.

예시 답안 몸에 묻어 있던 물이 증발하면서 '액체 → 기체'로 상태 변화하게 되고, 이때 주변의 열을 흡수하기 때문에 추위를 느끼게 된다.

3 덥고 건조한 기후에서 살던 고대 이집트인들은 냉장고가 없었잖니. 그래도 시원한 물을 마실 수 있었단다. 현명하게도 그들은 굽지 않고 굳힌 흙 그릇을 이용하였는데, 그 흙 그릇에는 미세한 구멍들이 많이 나 있어서 물을 넣어 두면 그 구멍으로 물이 조금씩 새어나왔는데, 그때 옆에서 부채질을 해서 물을 시원하게 만들었다고 하네. 물이 시원해진 원리를 서술하여라.

예시 답안 흙 그릇의 표면에서 물이 증발하면서 액체에서 기체 상태로 변화하였다. 이때 입자들 사이의 거리가 멀어지고 입자들이 더 활발하게 움직이면서 주변의 열에너지를 흡수하기 때문에 물이 시원해진다.

['상태 변화와 열, 손난로와 뷰테인가스 통 & 스프레이' 를 울 애제자 나름대로 간략하게 정리해 보기]

요약정리하며 자신의 느낌과 생각을 꼭 추가할 것!! 서술형 평가와 과학 논·구술 대비가 절로 된단다.

05 허걱!! 세상이 온통 과학이네

라면 국물이 넘칠 때도 나트륨의 불꽃반응을 볼 수 있다!

금속의 불꽃반응 관찰!

부엌에서도, 놀이동산에서도 과학 공부 할 게 정말 정말 많아!

우리는 과학 그 자체에 둘러싸여서 산다니까.

그럼 생활 속의 과학 공부-

지금부터 쌤이랑 같이 본격적으로 시작해 볼까?

이 글을 읽는 울 애제자들 중에 밥해 먹고 다니는 학생들은 드물겠지만

적어도 라면이나 우동 정도는 자기 손으로 끓여 먹어 보았겠지?

라면을 끓이다가도 과학 공부를 할 수 있단다! ^^

국물이 넘칠 때 변하는 가스 불의 색상은 바로 나트륨의 불꽃반응

라면 끓이다가 국물이 넘쳤어. 파~랗던 가스 불꽃이 갑자기 벌겋게 변하는 것 보았니? 왜 그럴까 하고 생각해 본 적이 있나? 뜨아~ 뭐라고? 그런 거 본 적이 없다고? 아니, 관찰력 부족이야! 정말 못 봤어? 아우~ 쌤이 보여 주마. 사진을 봐! 바로 이런 경우를 말하는 거야~.

국물이 넘치면서 파랗던 가스 불꽃이 벌겋게 변한 순간~.

라면 국물이 넘칠 때, 바로 그때 우리는 금속의 불꽃반응에 대해 공부할 수 있는 절호의 기회를 잡은 거란당~. 불꽃 색상이 왜? Why? 변할까?

원인은 바로 라면 스프에 들어 있는 염화나트륨 중의 금속 성분인 '나트륨(Na)' 때문이지.

요즘도 가끔씩 오줌 참으면서 컴퓨터 게임을 하는 쌤의 아들이 아주 미치게 좋아하는 라면 국물, 그리고 장동건보다 잘생긴(?) 쌤의 남편이 좋아하는 김치찌개 국물. 우리가 식사할 때 먹는 거의 에브리 국물에는 소금, 즉 염화나트륨이 들어 있기 때문에 각종 국물들이 넘칠 때 우리는 바로 나트륨의 불꽃반응 실험을 저절로 하게 되는 거란다.

우리 눈에 벌겋게 가스불의 색이 확~ 변하는 것을 교과서에서는 '노랑' 이라고 나트륨의 불꽃반응 색상을 지정하고 있지. 우리 눈에 아무리 벌겋게 보여도 교과서에서 '노랑' 이라고 하면 무조건 '노랑' 으로 알아 두어야 한단다. 그리고 사실 불꽃반응 색이 빨간색인 다른 금속에 비하면 훨씬 '노랑' 에 가깝걸랑~.

노란 불, 초록 불, 빨간 불, 보라 불… 정말 멋진 컬러 불 쇼

중2가 되면 'Ⅰ. 물질의 구성' 이라는 단원에서 여러 가지 원소에 대해 자세히 배우게 되는데, 이때 배운 것들은 고딩이 되어서도 계~속 공부하게 되는, 화학 파트의 기본 중의 기본이 되는 내용이야. 그 단원에서 금속 원소의 구별법으로 지금부터 설명하는 금속의 불꽃반응에 대해 공부하게 된단다.

쌤은 이 부분을 가르칠 때 멋진 '불 쇼~' 를 하게 되지. 염화나트륨, 염화구리, 염화리튬, 염화칼륨을 각각 샬레에 소량씩 넣고 메탄올로 샤워

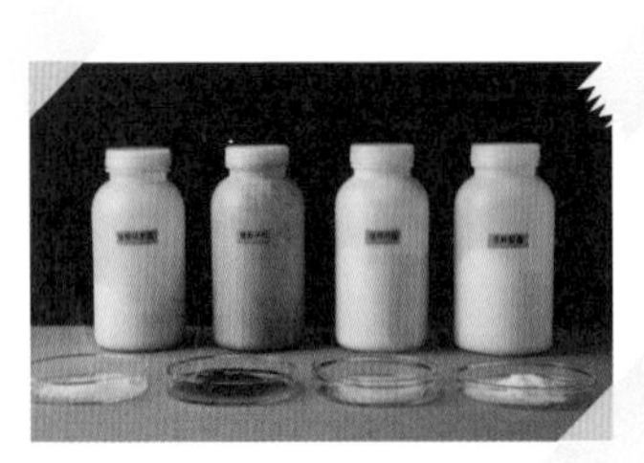

왼쪽에서부터 염화나트륨, 염화구리, 염화리튬, 염화칼륨

염화나트륨 (노랑) 염화구리 (청록) 염화리튬 (빨강) 염화칼륨 (보라)

를 좀 시킨단다. 그런 다음에 라이트를 끄고 불을 붙이면, 와우~ 노란 불, 초록 불, 빨간 불, 보라 불… 정말 정말 멋진 컬러 불 쇼!!를 감상할 수 있지.

염화나트륨, 염화구리, 염화리튬, 염화칼륨은 모두 염소를 포함하고 있는 화합물들이란다. 불꽃반응을 유도했을 때 불꽃이 모두 같은 색상을 보였다면 이것을 염소의 불꽃반응으로 볼 수 있겠지만, 색상이 각각 다른 것으로 보아 비금속인 염소의 불꽃반응은 아니라는 것을 실험으로 확인할 수 있는 거지.

그러니까, 결국은 각각의 화합물 속에 포함되어 있는 서로 다른 금속 원소인 나트륨, 구리, 리튬과 칼륨의 불꽃반응을 쇼! 쇼! 쇼! 각종 컬러의 불 쇼로 볼 수 있는 거란다.

불꽃반응으로는 금속 원소들만 확인할 수 있단다. 비금속 원소들은 고유한 불꽃 색이 없기 때문에 불꽃반응으로 비금속 원소들을 구별할 수가 없거든.

자~ 그러면 지금까지의 얘기를 다시 한 번 확~~ 정리!!

나트륨(Na) : 노랑 (약간 붉은빛이 돌기는 하지만 우리 교과서에서는 '노랑' 이라고 한단다!)

구 리(Cu) : 청록 (구리 역시 초록빛이 나지만 푸른빛이 섞인 초록이라 '청록' 이라고 한단다!)

리 튬(Li) : 빨강 (이건 실험으로 보아도 진짜 빨강 맞아!)

칼 륨(K) : 보라 (실험하면서 보면 완전 보랏빛이라기보다는 약간 남보랏빛이란다!)

그리고 지금 우리가 불꽃반응 색으로 확인한 원소들은 또 우리 생활 속에서 발견할 수 있단다. 우리가 자동차를 타고 여행을 갈 때 터널 속에 들어가면 온통 노랗잖니. 그게 바로 다 나트륨 등 때문이란다. 그리고 혹시 '보일러 깔 때 동~ 파이프!' 들어 보았니? 파이프에도, 전선 속에도 구리가 들어 있지. 리튬도 우리가 생활 속에서 흔히 볼 수 있는데, 휴대폰 배터리가 바로 리튬 이온 전지란다. 그리고 칼륨도 이온 상태로 바나나에 풍부하게 들어 있지.

금속의 불꽃반응→놀이동산의 멋진 불꽃놀이!

매년 한강에서 불꽃놀이 축제를 하는데 울 애제자들은 가 본 적이 있니? 놀이동산에서도 야간 개장할 때는 주말 밤에 불꽃놀이를 하는데, 온갖 형형색색의 불꽃이 화려하게 터지면서 밤하늘을 아름답게 수놓잖아.

노란색 불꽃은 '나~트륨' 하면서 터지고, 환상적인 초록색 불꽃은 '구~리!' 하면서 터진단다. 바로 금속의 화려한 불꽃반응 색을 이용한 거지. 금속 화합물들을 화약과 함께 터트리는 거란다.

헛! 가운데 보라색 불꽃은 바로 칼륨, 붉은빛이 도는 불꽃은 리튬!

이건 바로 구리! '구~리! 구~리!' 하면서 터지는 중이란다.

불꽃놀이도 그냥 "헤~ 예쁘다" 하고 보는 거랑 "와~ 보라!! 보라!! 저건 칼륨!" 하면서 보는 거랑은 수준 차가 좀 있지. 알면 아는 만큼 더 보인단다. 바로 우리 삶이 더 풍부해지는 거지. 이 얘기를 글이 아니라 말로 하면 가끔 '삶' 을 '살' 로 잘못 알아듣는 제자들이 있더라~. 쌤이 좀 통통하다고 '삶' 을 '살' 로 들으면 곤란하지!! 흠흠.

이제 라면 국물이 넘치면 "흠, 그 벌건 불꽃. 노란색이라고 표현하는 나트륨의 불꽃반응 색상이지!" 하면서 좀 더 세심히 관찰하도록(헛! 그렇다고 라면 국물 다 넘겨서 가스레인지를 너무 더럽히지는 말구~. 청소하기 힘들잖니. ㅋㅋ). 이것이 바로 생활 속의 과학이고, 우리 집 부엌이 바로 STS(Science, Technology, Society) 교육이 이루어지는 살아 있는 교육 현장이 되는 순간이란다.

부엌에서 하는 메테인의 연소 실험

아, 한 가지 더! 라면 끓일 때 울 애제자들도 모르게 같이 하는 실험이 하나 더 있어. 바로 '메테인' 의 연소 실험인데, 울 애제자들의 집에서는 대부분 도시가스를 사용하고 있잖아. 그 도시가스 'LNG' 의 주성분이 바로 '메테인(CH_4)' 이란다. 가스를 태우는 것, 그것이 바로 '메테인의 연소' 인 거지. 연소란 '빠른 산화' 를 말하거든. 산소가 빠른 속도로 화합하여 붙어 버리는 거란다. 산소는 뭐든지 타는 걸 도와준단다. 그러니까, 산소가 없으면 라면도 못 끓여 먹어. 그냥 생으로 먹어야지. 뭐, 뭐라고? 생라면이 더 좋다고? 알았쪄, 알았쪄. ㅡㅜ

탄소는 검은색~ 수소는 파란색~.

쌤이 직접 조립한 메테인의 분자 모형(CH_4). 멋지다!

메테인은 탄소와 수소로 이루어져 있는데, 메테인의 구성 원소 중 탄소에 산소가 와서 붙으면 이산화탄소가, 그리고 수소에 산소가 와서 붙으면 물이 생겨서 수증기 상태로 날아다닌단다. 그러니까, 이산화탄소와 수증기가 함께 생겨서 부엌의 공기 중에 섞이는 거지. 후아~ 맛있는 라면 냄새와 함께! 꿀꺽!

연소 : 빠른 산화(산소와 화합)
메테인 : 탄소와 수소의 화합물
메테인 + 산소 → 이산화탄소 + 물

"헛! 우리 집은 도시가스 안 들어와요. 가스맨 아저씨가 가스통 배달해 줘요." 혹시 전원주택같이 도시가스 관이 닿지 않는 곳에 사는 애제자들이라면 라면 끓이면서 메테인의 연소 실험은 안 되지. But, 대신 가스통에 들어 있는 'LPG', 즉 '프로페인+뷰테인'의 연소 실험을 할 수 있단다. 이프로페인과 뷰테인 역시 탄소와 수소로 이루어진 화합물이란다. 우리가 태우는 연료는 대부분이 탄소와 수소의 화합물이지!

이렇게 관심을 가지고 보면 교과서에서 튀어나와 부엌에서 마구 돌아다니는 과학 원리들을 만날 수 있단다.

아자!! 이제부턴 라면 끓여 먹을 때도 과학 공부 하자!

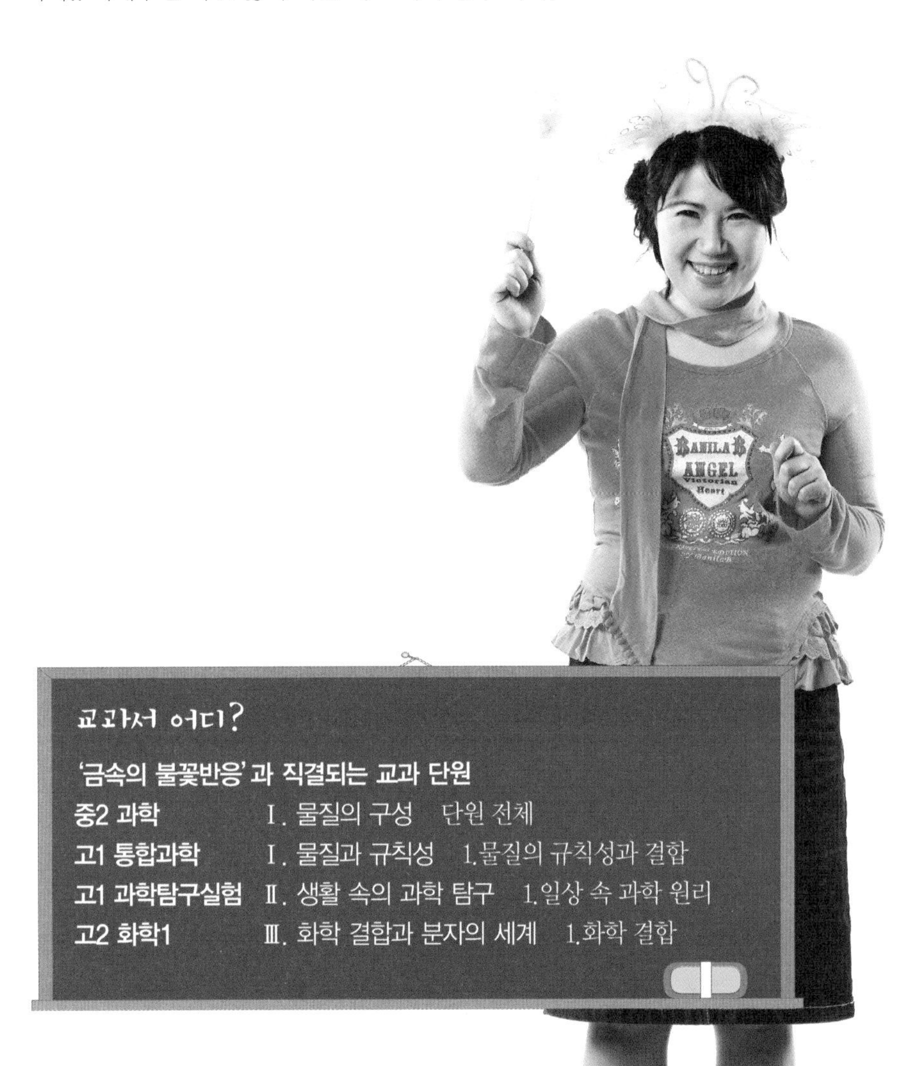

학습 포인트

금속의 불꽃반응이란?

● **수소, 질소 등의 비금속과는 달리 나트륨, 구리 등의 금속이나 그 금속을 포함한 화합물들은 불꽃 속에 넣었을 때 특유의 불꽃색을 나타낸다. 즉 금속 원소만 불꽃반응을 한단다! 에, 그럼 금속 원소와 비금속 원소를 한 번 더 구분해 볼까?**

금속		반도체		비금속	
칼륨	K	규소	Si	탄소	C
칼슘	Ca			수소	H
나트륨	Na			산소	O
마그네슘	Mg			질소	N
알루미늄	Al			염소	Cl
아연	Zn			아이오딘	I
철	Fe			황	S
주석	Sn			인	P
납	Pb			헬륨	He
구리	Cu			불소 (플루오린)	F
수은	Hg				
은	Ag				
금	Au				
백금	Pt				
리튬	Li				
스트론튬	Sr				
바륨	Ba				

● **금속의 불꽃반응 색상 중 중요한 것들, 꼭 알고 가자!**

나트륨 : 노랑, 구리 : 청록, 리튬 : 빨강, 칼륨 : 보라

● **LNG의 주성분은 바로 메테인!** → 가스를 태운다 = 메테인을 빨리 산화(연소)시킨다.

'금속의 불꽃반응'과 관련된 서술형 평가의 예

1 각종 화합물의 불꽃반응 실험을 통해 우리가 알 수 있는 것은 무엇인지 쓰고, 불꽃반응의 특징을 세 가지 이상 서술하여라.

2 불꽃반응 실험 과정을 순서대로 써 보아라.

3 현준이는 염화구리로 불꽃반응 실험을 한 결과, 청록색의 불꽃을 관찰할 수 있었다. 하지만 이 불꽃색이 염소에 의한 것인지, 구리에 의한 것인지는 알 수 없었다. 그래서 현준이는 청록색의 불꽃이 어떤 원소에 의해 나타난 것인지 확인하기 위해서 실험을 하나 더 해보기로 했다. 현준이가 추가로 해야 하는 실험 과정을 서술하여라.

'금속의 불꽃반응' 과 관련된 서술형 평가의 예 + 예시 답안

문제와 답을 한눈에 알아볼 수 있도록 문제를 한 번 더 써 놓았단다!

1 각종 화합물의 불꽃반응 실험을 통해 우리가 알 수 있는 것은 무엇인지 쓰고, 불꽃반응의 특징을 세 가지 이상 서술하여라.

예시 답안 불꽃반응 실험을 통해 각각의 특유한 불꽃색을 내는 금속 원소들을 구별할 수 있다. 그리고 불꽃반응의 특징은

- 실험 방법이 매우 간단하다.
- 적은 양의 물질로도 성분 원소를 알아낼 수 있다.
- 화합물을 분해하지 않아도 성분 원소를 알 수 있다.
- 화합물이 달라도 같은 원소를 포함하고 있으면 같은 불꽃색을 나타낸다.
- 비슷한 색상을 나타내는 불꽃반응의 경우, 금속 원소의 구별이 어려울 수 있다. 한 예로 리튬(Li)과 스트론튬(Sr)은 모두 빨간색이다. 이 경우, 분광기를 이용한 선스펙트럼의 분석으로 정확하게 구별할 수 있다.

2 불꽃반응 실험 과정을 순서대로 써 보아라.

예시 답안 (1) 니크롬선만 불꽃에 넣어 색깔이 나타나는지를 본다.
(2) 니크롬선을 염산에 담갔다가 불꽃에 넣어 보는 과정을 색깔이 나타나지 않을 때까지 반복한다.
(3) 니크롬선을 증류수에 넣었다가 시료를 니크롬선에 묻힌다.
(4) 니크롬선의 끝을 겉불꽃 속에 넣고 불꽃색을 관찰한다.

3 현준이는 염화구리로 불꽃반응 실험을 한 결과, 청록색의 불꽃을 관찰할 수 있었다. 하지만 이 불꽃색이 염소에 의한 것인지, 구리에 의한 것인지는 알 수 없었다. 그래서 현준이는 청록색의 불꽃이 어떤 원소에 의해 나타난 것인지 확인하기 위해서 실험을 하나 더 해보기로 했다. 현준이가 추가로 해야 하는 실험 과정을 서술하여라.

예시 답안 염소는 포함되지 않고 구리가 포함된 화합물[예 황산구리($CuSO_4$)]과 구리는 포함되지 않고 염소가 포함된 화합물[예 염화나트륨($NaCl$)]로 불꽃반응 실험을 한 뒤, 염화구리의 불꽃색과 비교하면 된다.

['라면 국물이 넘칠 때도 나트륨의 불꽃반응을 볼 수 있다!' 를 울 애제자 나름대로 간략하게 정리해 보기]

요약정리하며 자신의 느낌과 생각을 꼭 추가할 것!! 서술형 평가와 과학 논·구술 대비가 절로 된단다.

humor page

쌤의 불꽃반응 이야기는 잘 읽었지? 그런데 화학에서 물질을 부르는 명칭이 꽤 다양하단다. 왜 소금을 염화나트륨이라고 부르기도 하잖니. 화학 기호로는 NaCl이라 표시하고 잉글리시로는 '소디움 클로라이드(Sodium Chloride)'라고 한단다. 이렇게 한 가지 물질을 여러 가지 이름으로 부르니 이런 일도 있을 법하지! 미국의 고딩들이 정말 재미있고 창의적인 발상을 했구나. ㅋㅎㅎㅎ

과학 전시회에서 있었던 일

미국의 한 고등학교 과학 전시회에서 1등을 한 작품을 소개한다. 이 작품은 사람들이 얼마나 '과학적으로 보이게끔' 그럴싸하게 포장한 말에 현혹되기 쉬우며, 환경오염에 대한 두려움이 점점 더 커지고 있음을 보여 주려는 의도로 만들어졌다.
먼저 사람들로 하여금 '다이하이드로젠 모노옥사이드(dihydrogen monoxide)'라는 화학 물질의 사용을 전면 금지하거나 엄격히 통제해야 한다는 청원서에 서명을 하도록 요청했다. 그리고 서명을 해야만 하는 이유로 그 물질이 다음과 같은 특성을 지니고 있음을 꼽았다.

① 과도하게 땀을 흘리거나 구토를 일으킬 수 있다.
② 산성비의 주성분이다.
③ 기체 상태에 있을 때 심각한 화상을 일으킬 수 있다.
④ 무의식중에 들이마시면 사망할 수 있다.
⑤ 각종 물질들을 부식시킨다.
⑥ 자동차의 제동 성능을 감소시킨다.
⑦ 말기 암 환자의 종양에서도 발견된다.

그리고 50명의 사람들에게 이 화학 물질에 대한 금지 조치를 지지하느냐고 물었는데, 43명이 그렇다고 답했고 6명이 잘 모르겠다고 답했다. 오직 한 명만이 그 화학 물질은 '물'이라는 걸 안다고 대답했다.
'물', 즉 H_2O의 정식 화학 명칭이 '다이하이드로젠 모노옥사이드'였던 것이다. 이 전시 작품의 제목은 '우리는 얼마나 속기 쉬운가?'였다.

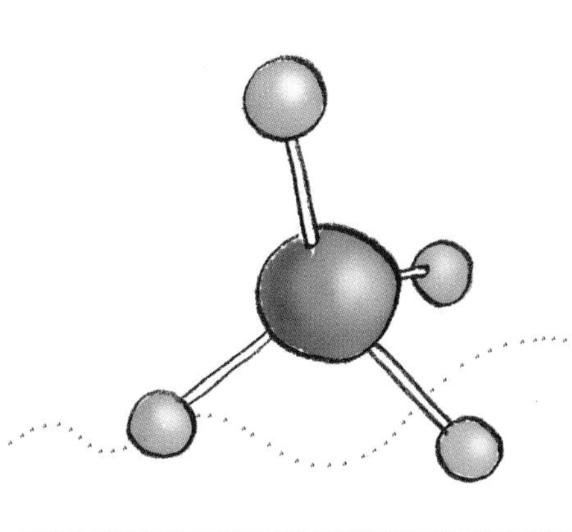

06

허걱!! 세상이 온통 과학이네

플라스틱이라도 다 같은 플라스틱이 아니야 1

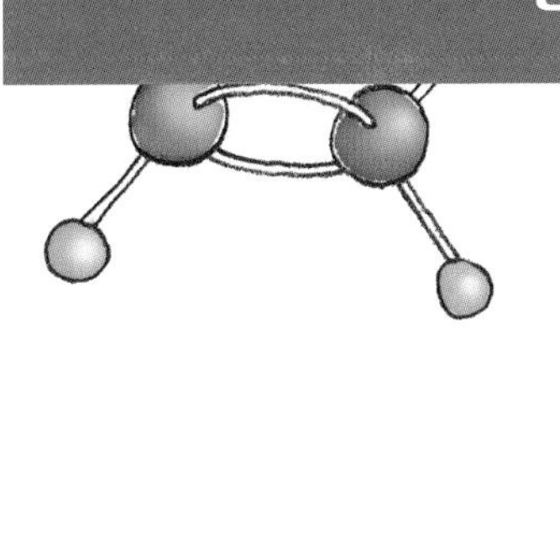

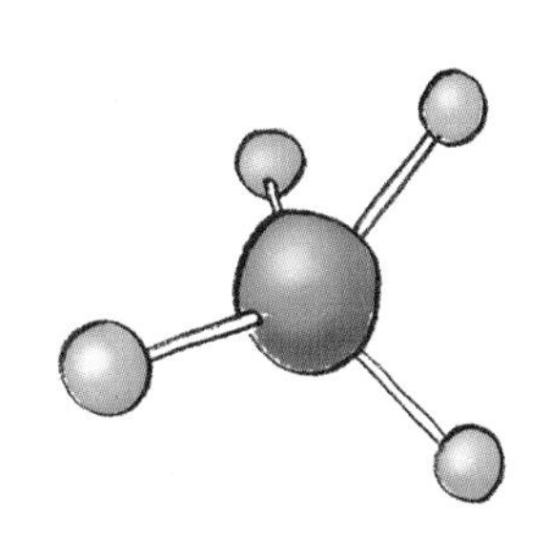

플라스틱들도 나름대로 다~다르다니까!

아~ 아~~ 싸랑하는 울 애제자들~♩♪♬

이번 글에서는 우리가 만날 만날 여러 가지 분야에서(밥 먹을 때, 공부할 때, 놀러 갈 때, 목욕할 때, 그리고 쌤이 재미있는 실험을 할 때 등등) 사용하는 플라스틱에 대해 공부해 보자!

플라스틱이라고 다 같은 플라스틱이 아니야!

걔네들도 모두 다 달라~. 꼭 구별해 줘야 한단다.

에, 그럼 울 애제자들에게 탄소와 수소의 화합물인 플라스틱에 대한 화학적인 부분을 얘기하기 전에 우선 탄소와 수소 얘기를 좀 해야겠구나.

탄소와 수소가 모인 화합물 중에 가장 기본적인 화합물 : 메테인(CH_4)

쌤이 스프레이 기체와 부엌에서 하는 메테인의 연소 실험에서 LNG와 LPG에 대해 열심히 설명했잖아. 그래도 건망증이 조금 심해 금세 까먹은 애제자도 있을 수 있고(울 아들이 그런다. 학교 가면서 실내화 주머니를 현관에 그냥 놓고 가더라고. 에궁~), 또 쌤의 앞글을 읽지 않은 상태에서 왠지 플라스틱 이야기가 재미있을 것 같다는 필이 꽂혀서 이 글부터 먼저 읽는 애제자들이 있을까봐 쌤이 좀 더 자세히 설명하마! 탄소(원소 기호 C)와 수소(원소 기호 H)로 이루어진 화합물 중에 가장 기본적인 화합물은 메테인이란당. 메테인의 화학식은 CH_4이니까 탄소 원자 1개에 수소 원자 4개가 붙은 꼴이란다. 프로페인과 뷰테인도 탄소 원자와 수소 원자로 이루어진 화합물이야. 하지만 메테인보다는 탄소와 수소가 더 많이 모였단다. 프로페인이 C_3H_8, 뷰테인이 C_4H_{10}이거든. 프로페인은 탄소 원자 3개에 수소 원자가 8개, 뷰테인은 탄소 원자 4개에 수소 원자 10개가 모였다는 뜻이란딩. 메테인보다는 프로페인과 뷰테인이 훨씬 복잡하지?

프로페인(C_3H_8)
파란색-수소 원자, 검은색-탄소원자를 나타낸 거란다!

뷰테인(C_4H_{10})
와우~ 탄소랑 산소가 많이많이 모였네~.

휘발유의 주성분은 옥테인(C_8H_{18})

에, 그러고 보니 우리가 태우는 가스 종류들이 다 탄소 원자와 수소 원자로 되어 있네.

흠아~ 그러면 휘발유는? 자동차가 어떻게 해서 가니? 휘발유를 태워서 가잖니. 휘발유의 주성분은 옥테인(C_8H_{18}). 에, 울 애제자들~ 문어 다리가 몇 개인지 아니? 문어 다리는 8개야. 이거 중요해! 혹시 7개 달린 빙신 문어 사서 먹으면 손해니까. 문어가 영어로 octopus잖아~. 옥트란 말은 8개란 뜻이걸랑. 탄소 원자가 8개라서 C_8H_{18}은 옥테인이란다. 게다가 수소 원자의 개수는 쌤이 정말 정말 좋아하는 숫자 18. (–▽–;) 으흐. 우아! 탄소랑 수소가 되게 많이 많이 모였다. 그쥐? 이렇게 우리가 사용하는 가스뿐 아니라 액체 연료들까지 대부분 탄소와 수소 원자로 이루어진 것들이구나!!

그런데 이 탄소와 수소가 줄줄이~ 줄줄이~ 정말 많이 많이 연결되면 플라스틱이 된단다.

대부분의 플라스틱이 바로 이 탄소와 수소의 원자들로 구성되어 있는 거란당.

일단, 울 애제자들~

주변에 플라스틱 용기가 있으면 뒤집어 보거라~. 실시!

뭔가가 쓰여 있을 거야. 예전엔 주로 재활용 마크에 숫자를 써 놓았었는데, 요즘에 생산된 플라스틱 용기는 숫자 없이 재활용 마크 안에 플라스틱의 종류를 알려 주는 영어 약자만 쓰여 있는 경우가 많단다.

엥? 뭐가 이리 많으냐고? 이런 걸 다 본 적이 없다고? 아니야, 거의 대부분이 보았단다. 단지 관심이 없어서 그냥 지나친 거지. 그럼 과학 교육 전문가인 쌤이 이제부터 본격적으로 플라스틱의 모든 것을 알려 주마!!

쌤의 글을 읽고 나면 이제 울 애제자들도 쌤처럼 플라스틱만 보면 뭐가 주성분인지 궁금해서 재활용 표시를 꼭 찾아보게 될 거야~. 흠흠!!

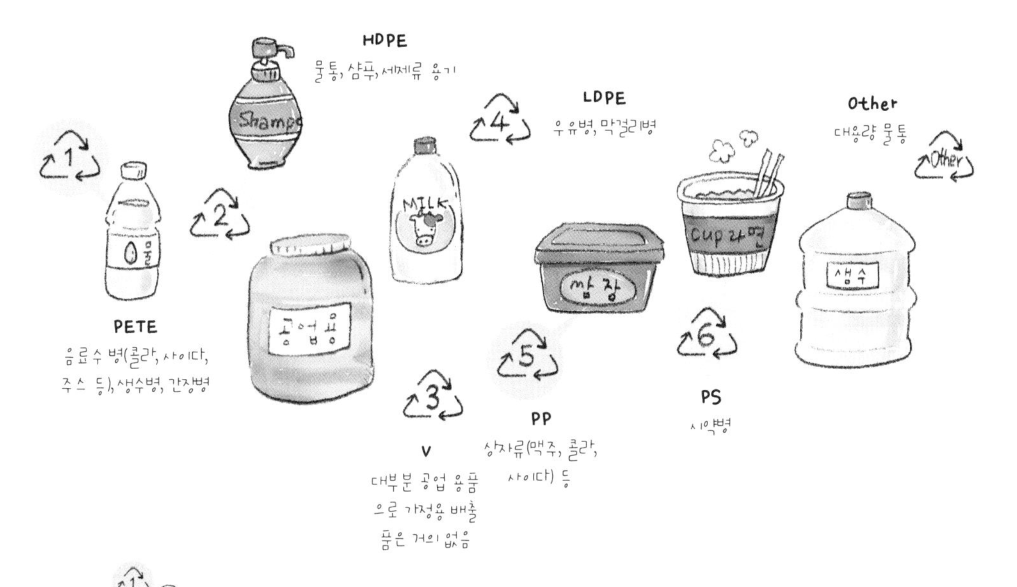

1번 병은 페트병! 폴리에틸렌 테레프탈레이트

1번 병은 PET(PETE라고도 한다)인데, 보통 '페트, 페트' 한단다. 쌤이 정식 명칭으로 한번 읽어 보마.

'폴리에틸렌 테레프탈레이트(polyethylen terephthalate)!' 이걸 줄여서 지금까지 '페트' 라고 부른 거란다. 이제부터는 페트라고 간단히 부르지 말고, 롱~하게 화학적으로 한번 불러 볼까. '폴리에틸렌 테레프탈레이트' 라고. 흐흐.

"페트병 좀 줘 봐~" 하지 말고 "폴리에틸렌 테레프탈레이트 병 좀 줘 봐~" 이

최은정 쌤 집의 냉장고에 들어 있던 각종 페트병.

가그린 병은 꽤 두꺼운데~ 이것도 페트 맞나?

흠~ 1번에다 PETE라고 적어 놓았군. 페트병이 맞네!

렇게 말하면 뭔가 좀 있어 보이잖아~. 으흐흐. (≥_≤)

페트병은 투명한 재질이 많고(하지만 쌤이 아주 쪼~금(?) 좋아하는 맥주를 담기 위해 개발한 페트병은 햇빛을 차단하기 위해 진한 갈색이란다. 쌤이 사용하는 시약 중에서도 햇빛을 받으면 마구 분해되는 질산 같은 약품은 꼭 갈색 병에 보관하고 있단다), 주로 음료수 종류를 담는 데 쓰인단다.

페트는 곧이어 소개할 폴리에틸렌 병보다는 반응성이 큰 편이란다. 쌤이 직접 실험해 보았는데, 진한 황산을 담아 두니까 꽤 두꺼운 편인 가그린 병도 30분 정도면 녹아서 병 아래가 뚫려 버렸단다. 흠아~ 끔찍하리만큼 위험한 실험이었단다. 워낙 황산이 유독한지라~.

페트병 라벨은 노끈으로도 사용 가능하군! 흠아~ 생활의 발견이야!!

그리고 페트병을 싸고 있는 라벨 또한 페트인데, 이 라벨을 이렇게 이용할 수도 있단다.

아미노업 페트병.

병의 라벨에 플라스틱의 종류를 아예 크게 표시해 놓았구나~. 'PET'라고!

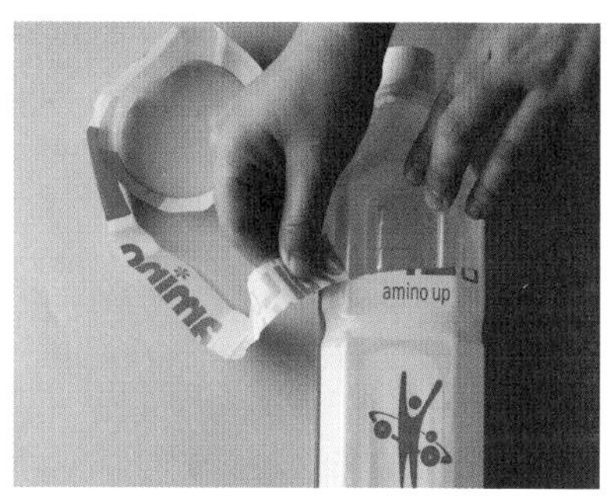

그럼 페트병의 라벨을 한번 벗겨 볼까? 처음에 약간만 칼집을 내어 주면 그다음부터는 그냥 손으로 잡아당기기만 해도 술술~ 잘 벗겨진단다.

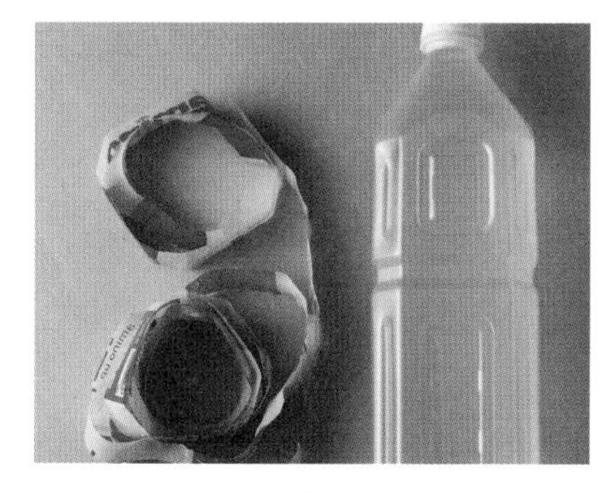

완전히 다~ 벗겨냈구나! 어머나~ 아미노업 병이 누드가 되었네! ㅋㅋ. 벗겨낸 라벨은 노끈 꾸러미처럼 돌돌 말려 있단다.

벗겨낸 라벨을 노끈으로 사용! 쌤이 정말 정말 존경하는 STS 교육의 대가이신 최경희 교수님께서 쓰신 책을 묶는 데 사용했단다.

물론 집에 제품화된 노끈이 있으면 당연히 그 노끈을 사용하는 게 더 좋지. 그런데 혹시 아주 급하게 노끈이 필요한데 없을 때, 왜 살다 보면 노끈을 분명히 잘 보관해 두었는데 막상 필요할 때는 어디 처박혀 있는지 안 보이잖니. 그럴 때 긴급히 사용할 수 있단다! 너무 얇게 벗겨내지만 않는다면 양쪽에서 쌤과 쌤의 아들이 아무리 잡아당겨도 끊어지지 않는 그런 강력한 노끈이 된단다(물론 쌤이 좀 연약하긴 하지만, 에헴!!).

두 겹이면 인장강도(물체가 잡아당기는 힘에 견딜 수 있는 최대한의 응력)가 정말 상당한, 튼튼한 노끈이 탄생! 이른바 '생활의 발견' 이지! 흐흐. 미인들만 출연하는 프로그램이면서 쌤이 1년 동안 과학 실험 전문가로 매주 고정 출연했던 MBC 〈정보 토크 팔방미인〉의 코너 이름도 '생활의 발견' 이었단다. ㅋㅋ 뭐라구? 미인들만 출연하는 프로그램엔 쌤은 결코 나갈 수가 없다고라? 미워 잉~.

2번 병은 PE, 즉 폴리에틸렌! 에틸렌이 폴리되었다니까~

에, 그러면 이제 2번 병 얘기를 해볼까? 병의 소재는 'PE', 즉 '폴리에틸렌' 이란다. 에틸렌이 폴리되었다는 뜻이지. 한 번 더 풀어서 설명하면 에틸렌이 많이 많이 모여서 폴리에틸렌이 되었다는 거야. 이것은 고딩이 되어 화학 1을 배우게 되면 '중합하였다' 라고 표현한단다.

다들 단백질을 폴리펩티드라고 한다는 사실은 알고 있나? 펩티드가 폴리되었다는 얘기잖아. 많이 많이 모였을 땐 화합물의 이름 앞에 폴리라고 붙인단다. 그럼 '에틸렌' 은 뭐냐? 쌤이 보여 주마.

이것이 에틸렌(C_2H_4). 탄소와 수소가 모여서 에틸렌이 되었단다.

분자 모형을 보면 가장 기본형인 메테인(CH_4)보다는 좀 복잡해진 걸 알겠니? 에틸렌의 분자식은 C_2H_4인데 까만 건 탄소 원자, 파란 건 수소 원자로 해서 쌤이 만든 분자 모형을 보면 에틸렌이 어떻게 생겼는지 알 수 있을 거야.

HDPE라고 적힌 플라스틱 용기들은 모두 이 에틸렌이 모여서 만들어진 것이란다. 그럼 PE 앞에 HD라고 적힌 건 또 뭐냐구? 하이덴시티, 즉 고밀도란 뜻이걸랑. 그러니까, HDPE(high-density polyethylene)는 '고밀도 폴리에틸렌' 이 되는 거지. 고밀도가 있으면 저밀도도 있나요? 있단다. 암, 있고말고. 저밀도 폴리에틸렌이 바로 '4번' 병인 'LDPE' 란다. 밀도만 다를 뿐 같은 폴리에틸렌이란다.

쌤의 집 욕실에 있는 샴푸, 린스, 보디 클렌저 같은 제품들의 용기는 모두 고밀도 폴리에틸렌 병이란다. 그 외에도 욕실용 세제나 걸레를 살균 소독할 때 사용하는 락스 같은 제품들도 대부분 폴리에틸렌 병에 담겨 있단다.

각종 세제 종류는 모두 PE, 그러니까 폴리에틸렌 병에 담겨 있단다.

PE - 폴리에틸렌 병은 여러 가지 화학 물질을 담아도 안전해!!

폴리에틸렌 병은 페트병보다 훨씬 안정적인 물질이어서 무균 무때처럼 강력한 세정제를 오랜 기간 동안 담아 두어도 녹지 않는단다. 이런 세제류를 만약 다른 병으로 옮겨 담을 때(에, 살다 보면 가끔 뚜껑이 없어지거나 기타 등등의 이유로 원래 용기가 아닌 곳에 옮기기도 하잖니) 페트병에 넣게 되면, 잠깐 동안은 상관없지만, 장기간 넣어 둘 경우 페트병이 조금씩 조금씩 반응해서 녹아 버리기 때문에 세제가 새어나올 수도 있단다. 세제류에는 수산화나트륨(NaOH) 성분이 들어가는 경우가 많은데, 꽤 낮은 농도의 수산화나트륨 용액도 1년 정도 페트병에 보관하면서 관찰해 보았더니 아랫부분이 녹아 너덜너덜해지면서 수산화나트륨 용액이 다 새어나오더구나. 용액이 손에 닿으면 약간 미끈거리는 정도로 낮은 농도였는데도 말이야. 수산화나트륨은 단백질을 녹이는 성질이 있어서 미끈미끈하걸랑~. 비누가 미끈거리는 것도 바로 이 수산화나트륨이 주성분이기 때문인데, 이것이 손의 단백질을 녹여서 미끈거리는 거란다. 농도가 무지 높은 수산화나트륨은 정말 독해서, 만약 피부에 묻으면 단백질을 급격히 녹여 버리기 때문에 아주 심한 화학적 상처를 입게 된단다. 그러니 조심! 또 조심!!

수산화나트륨 용액을 플라스틱 병에 보관하려면 PET(페트)병이 아닌 PE(폴리에틸렌)병에 보관해야 돼!! 특히 트레펑 같은 배관 세척제(욕실 하수구가 머리카락으로 꽉 막혔을 때 쓰는 거 말이야)에는 단백질을 녹이는 독한 수산화나트륨 같은 약품이 잔뜩 들어 있기 때문에 절대로 1 페트병에 담아 두지 않는단다. 꼭 2 폴리에틸렌 병을 사용하지.

에, 또 HF란 물질이 있단다. 플루오린화수소(HF)와 같은 무서운 화합물은 유리를 녹이는 화학 약품이거든. 쌤의 개인 실험실에는 중 · 고등학교의 교과에 나오는 모든 실험을 다 해볼 수 있도록 염산 · 황산 · 질산 같은 강산에다 나트륨 · 칼륨처럼 물과 반응하면 폭발하는 무서운 것들까지 다 가지고 있지만 플루오린화수소만큼은 구입하지 않았단다. 쌤이 늘 거래하는 화공 약품 가게의 사장님이 너무 말리셔서 말이야! 이 약품은 손에 닿으면 화상 정도가 아니라 뼈까지 녹이기 때문에 손가락을 잘라내야 할 정도로 위험하거든. 플루오린화수소는 유리를 녹이기 때문에 당연히 유리병에는 보관할 수 없고 '납'으로 된 병이나 '폴리에틸렌' 병에다 보관해야 한단다. 이러한 화학 약품의 보관법은 화학 파트에서 시험에 자주 나오는 중요한 내용이란다.

에, 그러면 울 애제자들~ 폴리에틸렌이 상당히 안정적인 화합물이란 건 이제 알겠지? 그래서 우리가 복용하는 약품들도 대부분 폴리에틸렌 병에 보관되어 있단다.

월드컵 전사들의 신축성 있는 유니폼에도 사용되는 '스판덱스'의 제조를 위해 아침 일찍 출근하는 쌤의 남편에게 힘내라고 아침마다 먹이는 로열젤리와 우루사도 모두 폴리에틸렌 병에 담겨 있단다. 쌤의 남편은 방귀를 뀌면 한 번에 여덟 번씩 연속으로 뀌는데, 얼마나 에너지가 많이 소모되겠니. 그래서 에너지 충전을 위해 이런 걸 먹인단다. 으흐~.

로열젤리는 저 먼 적도를 넘어 오스트레일리아에서 건너온 건데, 아래에 보니까 HDPE란 성분 표시는 없이 숫자만 달랑 있더구나. 플라스틱의 성분을 나타내는 숫자 표시가 전 세계 공용이란 것도 알 수 있지.

플라스틱의 종류가 많기는 많다, 그렇지? 이제 겨우 1 병과 2 병에 대해 설명했을 뿐인데, 이번 글은 상당히 기네. 에, 그래서 나머지 종류들은 다음 글에서 쌤이 좀 더 설명해 주기로 하마! 이번 글에서 설명한 1 병과 2 병의 이름이 각각 '페트'와 '폴리에틸렌'인데, 얘네들이 이름은 비슷하지만 성

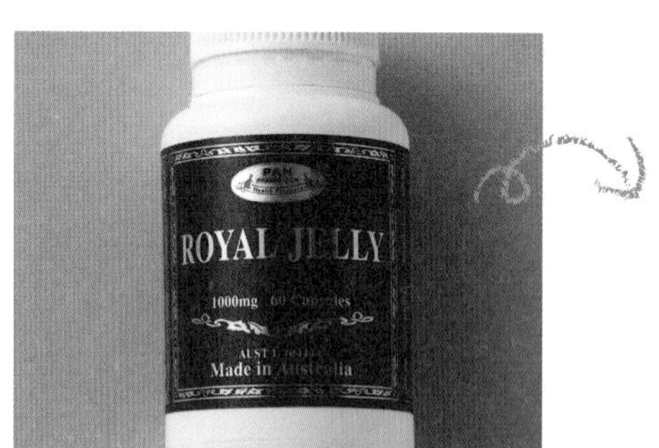

로열젤리도 폴리에틸렌 병 속에 들어 있네~.

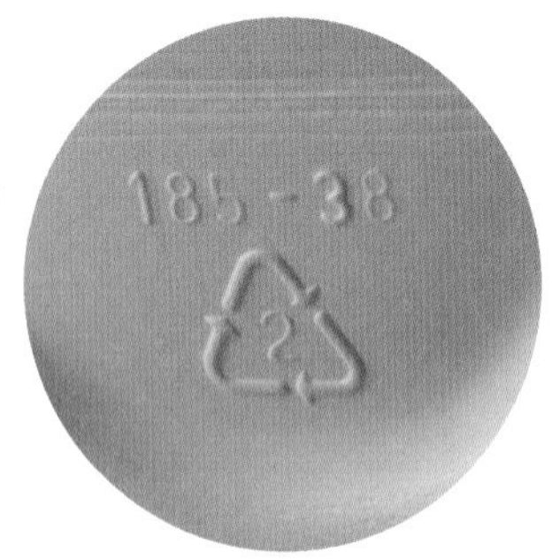

적도를 건너온 로열젤리 용기의 아랫면.
2번으로 표시되어 있구나.

질이 많이 다르다는 것을 꼭 알아 두자!! 오늘 저녁에 샤워하면서 샴푸 병 옆이나 아래에 뭐라고 적혀 있는지 꼭 한번 보려무나~. 저절로 과학 공부가 된단다. 뭐라고? 안 씻고 그냥 잘 거라고? 에구, 울 더러운 애제자. 안 돼! 안 돼!

지금까지 쌤이 설명한 내용은 중2 과학의 'Ⅰ. 물질의 구성' 이라는 단원에서 화합물에 대한 것을 설명할 때 다뤄지는 내용이면서, 고2 때 배우는 화학 1의 'Ⅲ. 화학 결합과 분자의 세계' 이라는 단원에서 무지 무지 중요하게 다뤄지는 내용이란다.

에, 그럼 또 다양한 종류의 플라스틱들을 만날 다음 글을 기대해다오~.

울 애제자들~ 넘 넘 싸랑해~ ♡~♡♡♡~♡♡♡♡\(≥▽≤)/♡

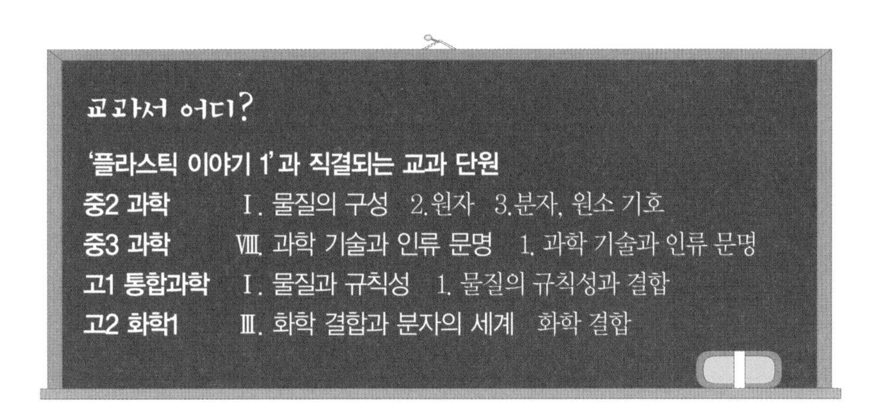

교과서 어디?

'플라스틱 이야기 1'과 직결되는 교과 단원

중2 과학	Ⅰ. 물질의 구성	2.원자 3.분자, 원소 기호
중3 과학	Ⅷ. 과학 기술과 인류 문명	1. 과학 기술과 인류 문명
고1 통합과학	Ⅰ. 물질과 규칙성	1. 물질의 규칙성과 결합
고2 화학1	Ⅲ. 화학 결합과 분자의 세계	화학 결합

학습 포인트

플라스틱의 종류

- 탄소(C)와 수소(H)가 모인 화합물 중에 가장 기본적인 화합물 : 메테인(CH_4)
- '플라스틱' 이란?

  탄소(C)와 수소(H)가 줄줄이~ 줄줄이~ 연결되어서 만들어진 화합물.
- 에틸렌(C_2H_4)이 많이 많이 모이면 폴리에틸렌(PE)
- '페트(PET)' 와 '폴리에틸렌(PE)' 의 차이

  반응성 : PET(페트) 〉 PE(폴리에틸렌)
- 폴리에틸렌이 훨씬 더 안정적인 화합물

  ★ **음료수는 PET병, 세제류는 PE병**

'플라스틱 이야기 1' 과 관련된 서술형 평가의 예

1 탄소(원소 기호 C) 원자와 수소(원소 기호 H) 원자가 모여 메테인(CH_4) 분자를 이룬다. 원자와 분자를 구별하여 서술하여라.

2 페트병에 보관하지 말라고 한 '수산화나트륨'은 아주 중요한 화합물의 하나다. 수산화나트륨의 화학적 성질에 대해 서술하여라.

'플라스틱 이야기 1'과 관련된 서술형 평가의 예 + 예시 답안

문제와 답을 한눈에 알아볼 수 있도록 문제를 한 번 더 써 놓았단다!

1 탄소(원소 기호 C) 원자와 수소(원소 기호 H) 원자가 모여 메테인(CH_4) 분자를 이룬다. 원자와 분자를 구별하여 서술하여라.

예시 답안 원자는 쪼갤 수 없는 가장 작은 입자이다. 원자가 모여 분자를 이루게 되는데, 분자는 쪼갤 수 있지만 분자를 쪼개면 그 물질의 성질을 잃어버리게 된다. 그러므로 분자는 어떤 물질의 성질을 가진 것으로는 가장 작은 입자인 것이다.

메테인 분자를 쪼개면 탄소 원자 1개와 수소 원자 4개로 나뉜다. 하지만 그렇게 되면 메테인이라는 물질의 성질은 잃어버리게 되는 것이다. 탄소 원자와 수소 원자는 더 이상 쪼갤 수 없다.

※요건 알아 두자! – 중학교 수준에서는 원자는 더 이상 쪼갤 수 없다고 하는 것이 맞다. 그래서 돌턴의 원자설 1번인 '원자는 안 쪼개제!'란 정의가 맞는 것으로 하고 서술하면 된다. 하지만 현대에 와서 돌턴의 원자설 중 일부는 수정해야 하는데, 그 이유는 현대의 과학 기술로 원자를 쪼갤 수 있기 때문이다. 원자력 발전소에서는 계속 원자를 쪼개고 있고, 그 핵분열 에너지로 발전을 하고 있다.

2 페트병에 보관하지 말라고 한 '수산화나트륨'은 아주 중요한 화합물의 하나다. 수산화나트륨의 화학적 성질에 대해 서술하여라.

예시 답안 수산화나트륨(NaOH)은 대표적인 '염기' 중 하나로, 염기성을 띠는 물질의 공통적 성질인 '단백질을 녹이는 성질'을 가지고 있다. 그래서 유지(지방)와 함께 비누 제조에 사용된다. 비누가 미끈거리는 것은 바로 수산화나트륨이 포함되어 있어서 피부의 단백질을 녹여내기 때문이다. 낮은 농도의 수산화나트륨 용액을 손에 묻혀서 비벼 보면 손의 단백질이 녹아 미끈거리는 것을 느낄 수 있다. 또한 여러 가지 지시약과 반응하게 되는데, BTB 용액과 반응하면 파란색으로 변하고 페놀프탈레인 용액과 반응하면 붉은색으로 변한다.

'플라스틱이라도 다 같은 플라스틱이 아니야 1'을 울 애제자 나름대로 간략하게 정리해 보기

요약정리하며 자신의 느낌과 생각을 꼭 추가할 것!! 서술형 평가와 과학 논·구술 대비가 절로 된단다.

07

허걱!! 세상이 온통 과학이네

플라스틱이라도 다 같은 플라스틱이 아니야 2

정말 다양한 종류의 플라스틱들!!

울 애제자들~ 덩말 덩말 방가와. ^O^ 쌤의 플라스틱 이야기 1편은 잘 읽었겠지? 에, 그럼 이제 PET(페트)와 PE(폴리에틸렌) 빼고 다른 플라스틱 용기들은 어떤 재질로 되어 있는지 한번 살펴보도록 하자!

핫! 페트는 들어 보았는데 폴리에틸렌은 뭐냐고?

딱 걸렸어, 딱 걸렸어! (;—_—)+

생활 속의 탄소 화합물 1편은 안 읽고 슬쩍 2편부터 읽고 있는 거지? 앞 장으로 도로 넘어가길! 1편 열심히 읽어 보고, 이번 이야기 2편을 읽도록!

쌤의 글은 넘 넘 재미있기 때문에 술술 읽다 보면 저절로 과학 공부가 되잖니. 빨리 읽고 오너라~.

어머~ 절 어떻게 보시고. 1편은 당연히 읽었다고?

오냐, 그럼 이제 시작한당~. *-(^.^)-*

'에틸렌'이 많이 많이 모이면 'PE(폴리에틸렌)',
'염화비닐'이 많이 많이 모이면 'PVC(폴리염화비닐)'

에틸렌이 많이 많이 모여서 폴리된(중합되었다는 뜻이야~) 것이 PE, 즉 폴리에틸렌이라는 것은 쌤이 1편에서 충분히 설명했단다. 이제 3 PVC(폴리염화비닐) 얘기를 할 텐데, 그렇다면 '염화비닐'이 많이 많이 모여 폴리된 것은 당연히 'PVC', 즉 '폴리염화비닐'이지 뭐.

에틸렌 검은색인 탄소 원자와 파란색인 수소 원자가 모여서 에틸렌이 되었단다.

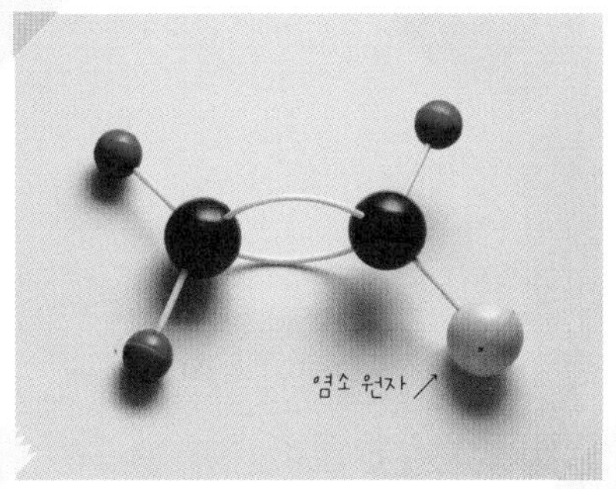

염화비닐 옆의 에틸렌과 비교할 때 파란색인 수소 원자 1개가 노란색인 염소 원자로 바뀐 것을 알겠니?

자아~ 쌤이 직접 조립한 분자 모형을 좀 봐다옹~. 에틸렌 분자와 염화비닐 분자는 거의 비슷하게 생겼지만 다른 것이 딱 하나 있잖아. 봤니? 봤어? 에틸렌은 탄소와 수소로만 이루어져 있지만, 염화비닐은 염소 원자가 포함되어 있는 것이 다르단다. 울 애제자들은 일단 '염소 원자는 나쁘다!'라고 기억해 두면 될 것 같구나.

'물질의 구성' 단원을 배운 울 중3 애제자들은 다~ 알겠지만 염소의 원소 기호는 Cl, 영어로는 '클로~린'이라고 읽는단다.

이 염소 원자가 2개 모이면 '염소 분자(Cl_2)'가 되는데, 이건 독가스란다. 염소 그까이 거 뭐 대충 마시면 큰일 나. 제2차 세계대전 당시 독일의 히틀러가 유대인을 몰살할 때 사용했던 독가스 중 하나가 바로 이 염소 가스였단다!

또 염소 원자는 수소 원자(H)와 만나면 염화수소가 되는데, 염화수소가 물에 녹은 것이 바로 그 이름도 무시무시한 '염산'. 뜨아~ 나쁜 염산! 금, 은, 구리같이 좀 럭셔리한 금속을 제외하고 대부분의 금속들은 다 염산에 녹아 버린단다. 브루스 윌리스 아저씨가 주인공으로 나오는 〈나인 야드〉란 영화를 보면, 시체의 손을 염산에 담가서 지문을 없애버리는 장면이 나온단다. 아아, 무서운 염산!

이런 염소 원자가 탄소와 수소 원자와 화합하여 '염화비닐'을 이루고, 이 염화비닐이 많이 많이 모여 'PVC', 바로 '폴리염화비닐'이 된 거야.

또 염소 원자가 포함된 PVC를 태우면 '다이옥신(Dioxin)'이 생기게 되는데, 이 다이옥신은 사람을 즉시 죽이는 독극물인 청산가리보다 1,000배나 더 독성이 강하단다. 게다가 다이옥신은 우리 몸의 지방 조직과 잘 결합해서 '생물 농축' 현상을 일으키고 우리 몸에서 마치 호르몬처럼 작용해서 내분비계를 혼란시키는 '환경호르몬' 중 대표적인 물질이란다. 환경호르몬이 진짜 호르몬이 아니고 '가짜 호르몬'인 건 알고 있지?

랩도 다~ 같은 랩이 아니야. 'PE 랩'도 있고, 'PVC 랩'도 있단다.

PVC 랩은 기름기 있는 음식을 덮어서 뜨겁게 가열하면 아주 나빠!

랩도 다 같은 랩이 아니라구요? 응, 그렇단다. 랩에도 PE 랩과 PVC 랩이 있지. 우리가 주로 집에서 쓰는 크린랩은 폴리에틸렌(PE)이 원재료인데 그다지 잘 들러붙는 편은 아니잖니. 반면에 중국집 같은 곳에서 음식을 배달해 먹거나 하면 좀 더 잘 들러붙는 랩으로 포장해 오거든. 이런 종류의 랩은 모두 PVC 랩이란다. 가정용으로는 대부분 'PE 랩'을 쓰는데 일반 업소나 할인 매장용으로는 아직도 'PVC 랩'을 많이 사용하고 있단다.

우리가 집에서 주로 쓰는 크린랩. 원재료명이 PE(폴리에틸렌)라고 적힌 거 보이지?

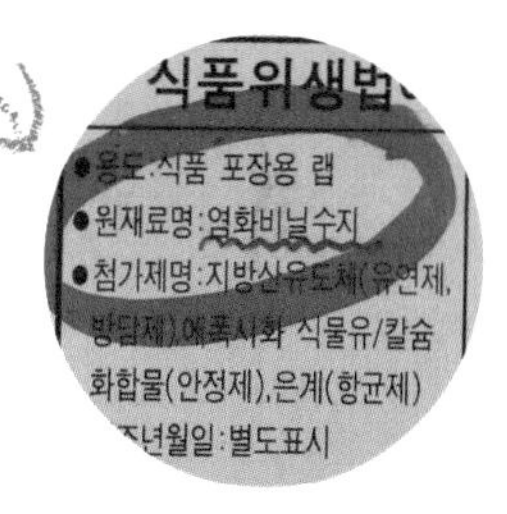

주로 업소용으로 쓰이는 포장용 랩. 원재료명이 염화비닐 수지, 즉 PVC란다.

예전에 일부 PVC 랩에는 DEHA(di-ethylhexyl adipate : 다이에틸헥실 아디페이트라고 하는데 울 애제자들은 이것까지 기억할 필요는 절대 없단다. 그냥 나쁜 물질이 사용되었다는 것 정도만 기억하면 돼)라는 물질이 들어 있는데, 그럼 이 물질을 왜 사용했느냐?! 랩은 잘 들러붙고 또 물렁물렁해야 되잖니. 그래서 접착성과 유연성을 높이는 가소제도 첨가되었는데, '환경호르몬'의 유출 가능성이 대단히 높은 물질이란다.

이 랩의 첨가물은 온도가 높은 상태에서 지방에 잘 녹아 들어가걸랑. 그러니 기름에 완촌~히 목욕 시킨 뜨거운 탕수육(줄임말은 탕슉!)을 만약 DEHA가 첨가된 PVC 랩으로 포장했다면 이미 환경호르몬이 어느 정도는 포함되어 있다고 봐야 돼. 다행히 식품의약품안전청은 2005년 6월, 식품 포장용 랩 제조 시 DEHA의 사용을 금지한다고 발표했단다. 생산과 수입 모두 전면 금지되었지.

국립환경연구원이 제시한 생활 속 환경호르몬 관리 방안 중에는 '집에서 음식물을 보관할 경우 플라스틱 용기나 랩을 사용하지 않도록 하며 전자레인지로 음식을 데울 때에는 특히 주의한다'라는 항목이 있단다.

전자레인지에서는 일반적으로 2~6분 사이에 최대 200~300℃까지 온도가 올라가는데, 그런 상태에서는 특히 기름기가 많은 음식의 경우 랩이 음식물 쪽으로 녹아내릴 수 있걸랑.

페트병처럼 보이는 '3번' 병, V는 바로 'PVC' 용기란다

♺3 PVC 용기들은 주로 바가지나 쓰레기통 같은, 색깔이 화려하고 좀 두꺼운 플라스틱 종류가 많단다. 하지만 요즘에는 얇고 마치 페트처럼 보이는 PVC 용기들도 많은데, 사진에 보이는 용기와 뚜껑은 거의 페트와 유사하게 투명하지만 PVC 용기란다. 용기 밑에 ♺3 V라고 적혀 있거나 PVC라고 적혀 있는 게

페트처럼 보이지만 사실은 PVC란다.

보이지?

쌤이 MBC의 〈정보 토크 팔방미인〉에 과학 실험 전문가로 처음 출연한 것이 페트병으로 물을 끓일 수 있는지와 건강에는 문제가 없는지에 대한 것이었지. 페트병은 정말 급할 때는 냄비 대용으로 사용할 수 있단다. 페트병의 녹는점은 250℃ 정도로 물의 끓는점인 100℃보다 높기 때문에, 페트병으로 물을 끓여도 물이 다 증발하기 전까지는 녹지 않거든. 또한 페트는 플라스틱 종류 중에서 다른 첨가 물질이 비교적 적기 때문에 가열해도 괜찮은 편이란다. 그렇다고 설마 스테인리스 냄비를 옆에 두고 페트병에다 물을 끓이

이것도 PVC라고 적힌 거 보이지?

는 건 아니겠지? 이건 정말 정말 급할 때, 어쩔 수 없을 때 과학적으로 가능하고 다른 플라스틱보다는 그나마 페트병이 낫다는 것이지, 페트병에 물을 끓여 먹으라고 권유하는 것은 절대 절대 아니야~.

그리고 염소 원자가 포함된 PVC 용기에다 물을 끓이거나 전자레인지에 사용하는 건 Oh, NO!! 절대 하지 말 것!

5번이라고 적히거나 혹은 PP라고 적혀 있는 건 '폴리프로필렌', 당근 '프로필렌'이 폴리된 것이지

에틸렌이 많이 많이 모여서 폴리된 것이 폴리에틸렌이라는 건 이미 귀에 못이 박히도록 쌤이 앞 장에서 설명을 했단다. 그렇다면 '프로필렌'이 많이 많이 모여서 폴리된 것이 'PP', 즉 '폴리프로필렌'이란 건 알겠지? 에틸렌은 C_2H_4(탄소 원자 2개랑 수소 원자 4개가 모여 에틸렌이 되었단다), 프로필렌은 C_3H_6. 그러니까 에틸렌보다 탄소는 1개, 수소는 2개가 더 많아진 거지. 폴리에틸렌은 화학적으로 안정해서 샴푸나 락스 같은 세제류를 담는 데 주로 사용된다고 했잖아~. 폴리프로필렌도 마찬가지란다.

PP는 뜨거운 음식물을 담고 전자레인지에다 가열해도 괜찮아~. '전자레인지에서도 OK!' 라고 표시된 플라스틱 용기들은 뒤집어서 바닥을 보면 대부분 5번 또는 PP라고 적혀 있단다. 하지만 역시 PP라 해도 플라스틱 용기에 기름기 많은 음식물을 담아 오~래 전자레인지에서 가열하는 건 별로 바람직한 일은 아니란다.

쌈장, 고추장, 된장. 이것들은 보통 PP 용기에 담겨 있단다.
지퍼락 같은 용기들도 모두 PP다.

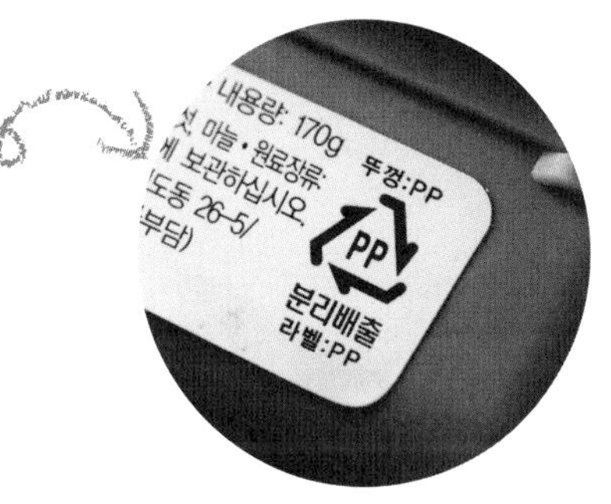

봐라~ PP라고 적혀 있지?
'폴리프로필렌' 이란 뜻이란다.

'6번' 이라고 적히거나 혹은 'PS'라고 적혀 있는 건 '폴리스타이렌'! 기름기 있는 뜨거운 국물은 NO! NO!

울 아들한테 쌤이 생일상에 어떤 음식을 차려 줄까 하고 물었더니 울 아들의 대답, "컵라면!" ㅠ.ㅠ 아아~ 컵라면, 울 아들은 미치게 좋아한단다.

리면에는 나트륨이 지나치게 많이 들어 있는 데다 조미료를 듬뿍 넣고 방사선 처리한 식재료가 사용되기도 하니까 되도록이면 자주 안 먹는 게 좋겠지. 쌤은 아들이 라면 먹겠다는 거 말릴 때가 많단다.

에구~ 하지만 쌤도 젤 좋아하는 게 라면이걸랑. 아들이 누굴 닮았겠니. 내 DNA를 나누어 줬으니, 쩝~.

라면보다 컵라면이 더 좋지 않은 이유는 컵라면의 용기가 바로 PS, 즉 폴리스타이렌이기 때문이란다. '스타이렌' 이 많이 많이 모이면 '폴리스타이렌' 이 되지. 이 폴리스타이렌을 발포제로 팽창시켜서 만든 게 바로

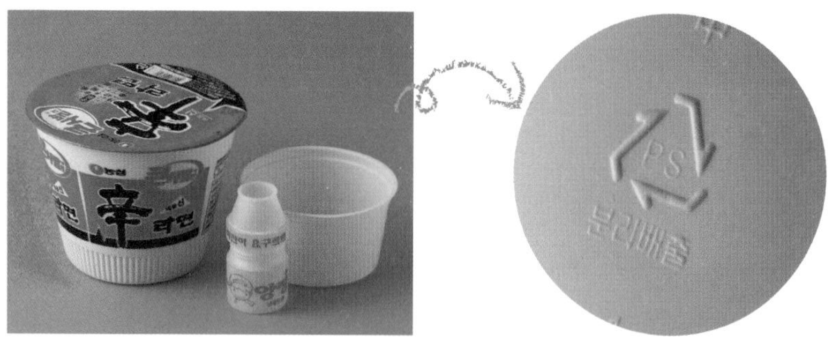

폴리스타이렌 용기에 담긴 요구르트와 컵라면.

음식을 배달시키면 국물을 담아 오는 용기도 PS, 폴리스타이렌이란다.

'스타이로폼' 이란다.

스타이렌은 에틸렌이나 프로필렌처럼 탄소와 수소로 이루어져 있기는 하지만 벤젠고리를 가지고 있단다. 그래서 비닐벤젠이라고 부르기도 하지. 에, 그러면 벤젠이 뭐냐. 또 설명을 해야겠지. 벤젠은 심각한 화재 위험에 폭발 위험까지 가지고 있는 물질인 데다 대표적인 발암 물질이란다. 정말 정말 몸에 안 좋은 화학물질이지. 인터넷으로 검색

벤젠의 분자 구조. 육각형으로 돌아가는 모양이라서 '벤젠고리'라고 부른단다.

을 해보면 얼룩 제거에 벤젠을 사용하라고 되어 있는데, Oh~ NO! NO!! 절대 아니란다. 벤젠은 보통 시중에서 쉽게 구할 수 있는 약품도 아니야.

이전 교육 과정에서 혼합물의 분리에 대해 배우는 부분에서는 물과 벤젠을 분별 깔대기로 분리하는 실험이 나오는데, 벤젠이 물과 섞이지 않으면서 물보다 밀도가 작아 위로 뜨는 특성을 이용한 실험이었단다.

하지만 과학 실험 전문가인 쌤은 절대 벤젠으로 분별 깔대기 실험을 하지 않는단다. 식용유처럼 물과 섞이지 않으면서 물보다 밀도가 작은 다른 물질로 실험하면 벤젠과 똑같은 결과를 관찰할 수 있기 때문이지. 우리 몸의 신경계, 면역계 전반에 걸쳐 나쁜 영향을 끼치는 벤젠을 다른 대체물로 충분히 할 수 있는 실험에 굳이 사용할 필요는 없지.

그런데 사실은 페트에도 이 벤젠고리가 포함되어 있단다. 그렇다면 페트 용기에는 뜨거운 국물을 담아도 괜찮은 편인데 폴리스타이렌 용기에는 왜 안 되냐고?

페트에 포함된 벤젠고리는 화학적으로 안정된 상태로 가운데에 폭 박혀 있어서 유해한 벤젠고리가 따로 떨어져 나오지 않는단다. 하지만 폴리스타이렌의 벤젠고리는 잘 떨어져 나오는 구조여서 뜨거운 국물에 녹아 나올 수도 있기 때문이란다.

폴리스타이렌에 기름기 있는 뜨거운 국물을 담을 경우, 환경호르몬의 일종인 '스타이렌 다이머'나 '트라이머' 등이 녹아 나올 수 있단다. 그런데 라면이 바로 기름기 있는 뜨거운 국물 그 자체잖니. 에구~.

환경호르몬이 든 음식을 많이 먹게 되면, 사랑하는 사람을 만나서 결혼해도 자신의 DNA를 가진 아기를 못 낳을 수도 있어

아까 PVC 랩에 대해 설명할 때도 환경호르몬 얘기가 나왔었지? 환경호르몬에 대해 쌤이 좀 더 설명을 해주마! 뭐, 다들 대충은 알고 있는 용어이고, 쌤이 간단히 설명하기도 했지만.

환경호르몬은 인간의 생식 기능을 저하시키는 것은 물론 성장 장애, 기형아 그리고 암까지 유발할 가능성이 있는 유해 물질이란다. PVC를 태우면 나온다는 다이옥신이 바로 대표적인 환경호르몬이란 얘기는 쌤이 이미 했지.

남자들의 정자 수가 많이 감소되었다는 얘기는 들어 봤니? 이 정자 수의 감소도 환경호르몬의 영향 때문이거든. 불임 부부가 점점 늘어나고 있어서 10년 전만 해도 10쌍 중 1쌍이 불임 가정이었는데 현재는 7~8쌍 중 1쌍이 불임 가정으로, 매년 약 4만 쌍이 증가하고 있는 현실도 환경호르몬과 무관하지 않단다. 주변에 보면 결혼한 지 몇 년이 지나도록 아기가 생기지 않아 고민하는 부부가 꽤 있더라고.

정말 자기가 좋아하는 사람과 연애하고, 결혼하고, 아기 낳고 사는 게 쌤이 해봐서 알지만 진짜 행복이거든. 남들도 다 하니까 평범한 것 같지만 그 알콩달콩한 게 다른 무엇과도 비교할 수 없는 인간의 가장 큰 행복이란다.

만약 간절히 원하는데 자신과 사랑하는 사람의 유전자를 가진 아기를 못 낳는다면 얼마나 안타깝겠니. 나중에 울 애제자들이 결혼해서 자신과 사랑하는 사람의 DNA(DHA가 아니란다. 가끔 참치 많이 먹는 애제자들이 착각을 하기도 하는데, DHA가 아니고 DNA야! 유전자, 알지?)를 가진 아기를 힘주어 팍팍 잘 낳기 위해서는 환경호르몬을 되도록이면 피하는 게 좋단다. 더구나 울 애제자들은 앞으로 생물의 가장 기본적 특성인 '생식' 활동을 할 소중한 몸이니까.

요즘에는 컵라면 용기가 폴리스타이렌이 아닌 종이컵으로 대체되고 있는데, 그래도 아직 폴리스타이렌 용기에 포장된 컵라면이 가끔 있더구나. 울 애제자들도 쌤의 아들처럼 컵라면 많이 좋아하지?

스타이로폼에 담긴 컵라면이 아무리 맛있게 보여도, 되도록이면 종이 컵라면을 먹도록 하여라. 물론 종이컵도 표백제 같은 화학 약품을 쓰기 때문에 완전히 괜찮은 건 아니지만, 그래도 스타이로폼보다는 낫단다.

아 참, 그리고 쌤이 가끔 연구실에서 일하다 음식을 배달시켜서 먹는데, 도시락 시키면 국물을 용기에 담아서 가져다주거든. 그런 용기들도 대부분 PS, 즉 폴리스타이렌이란다.

포장 용도로 많이 쓰이는 스타이로폼으로 PS,
즉 폴리스타이렌을 마구 팽창시켜 만든 거란다.

이것은 투명하고 마치 페트처럼 보이지만
역시 폴리스타이렌 용기란다.

스타이로폼같이 하얗고 푹신푹신한 상태이면 몸에 나쁘다는 걸 단번에 알 수 있는데, 똑같은 폴리스타이렌인데도 스타이로폼과는 아주 달라 보이지만 용기 바닥을 보면 'PS' 라고 쓰여 있단다. 뚜껑까지 달려 있는 이런 용기를 엄마들이 아깝다며 버리지 않고 씻어서 재사용하는 경우도 가끔 있잖니. 흠, 진정한 재활용이라고 할 수 있겠지만, PS 용기에 기름기 있는 음식을 담아 전자레인지에 넣고 가열하면 역시나 환경호르몬이 유출될 위험이 있단다.

마지막으로 '7번' 또는 'OTHER', 여기서 OTHER는 말 그대로 '기타 잡다한 것들' 이란 뜻이란다

PET도 아니고, PE도 아니고, 그렇다고 PP도 아니야. 에, 또 PS도 아니고 PVC도 아니야. 그냥 잡다한 것들이 섞여 있는 거야. 그게 바로 'OTHER' 란다.

예전엔 재활용 불가였는데 2004년 1월 이후부터는 재활용 플라스틱으로 분리해서 수거하고 있지. 그리고 또 전에는 재활용할 수 없었던 비닐 종류도 이젠 화합물의 종류를 모두 적어 놓았고, 분리수거하여 재활용이 되걸랑~.

요즘 새로 바뀐 게 많다 보니 좀 헷갈리잖니? 이럴 땐 엄마와 함께 '눈높이환경교실(초등: keep.go.kr/env 1, 중등: keep.go.kr/env 2)' 라는 사이트를 찾아보는 것도 좋을 것 같구나. 환경부에서 운영하는 사이트인데, 환경과 관련된 학교 숙제가 있을 때도 이 사이트를 이용하면 도움을 받을 수 있을 거야. 중등의 경우 '환경공부' 를 클릭하고, '자원재활용' 을 선택하면 최신의 자세한 정보를 볼 수 있단다.

큰 생수병 용기는 어떤 플라스틱?
바로 'OTHER'란다.

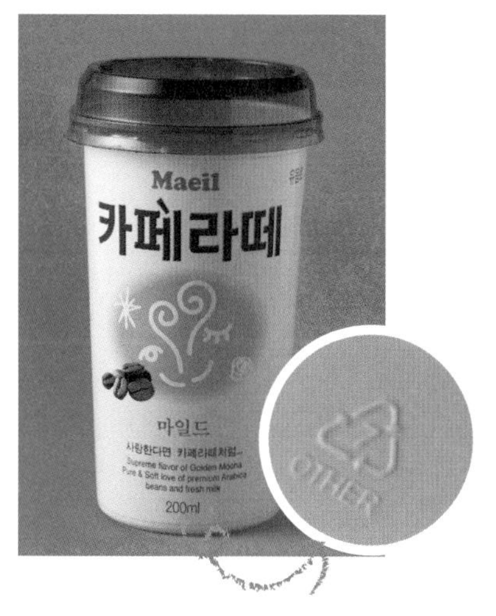

부~드러운 커피 카페라떼의 용기도 'OTHER'.

좀 달라 보이지만 옆의 비닐과 같은 재질이란다.
폴리에틸렌! 4번이니까 저밀도 폴리에틸렌이란다.

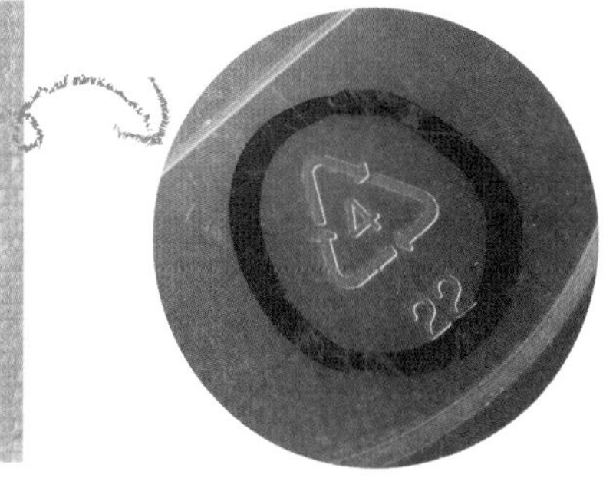

PE라고 적힌 이 비닐도 폴리에틸렌이란다.
역시 재활용할 수 있지.

사실 우리 주변에는 아직도 대충대충 버리는 사람들이 많은데, 그럼 안 돼!! 우리의 행성, 지구 환경을 지킬 수 없잖니. 안 그래도 이미 심하게 오염되어 있는데. ㅠ.ㅠ

쌤이 어릴 때, 미래에는 자동차가 날아다니고, 우주로 여행을 가는 꿈과 환상으로 가득 찬~ 그런 세상이 될 거라고 생각했었단다. 그런데 막상 살아 보니 나날이 심해지는 환경오염으로 인해 오히려 예전보다 웰빙 하지 못하고 살기 힘든 세상이 되어가는 듯한 느낌이 드는구나.

우리의 다음 세대들이 가능하면 쓰레기 더미 위에서 살지 않도록 우리의 하나뿐인 행성, 지구!! 우리가 지키자꾸나~.

집 안의 플라스틱 제품들이 어떤 재질로 되어 있는지 모조리 뒤집어 엎어 보자!!

자, 지금까지 쌤이 2편에 걸쳐 롱~하게 설명한 플라스틱의 화학적인 이야기를 모두들 재미있게 읽었겠지? 그럼 이제 책을 손에서 놓고 집 안에 있는 플라스틱 제품들이 어떤 재질로 되어 있는지 다~ 한번 뒤집어 엎어 보자!! 울 애제자들의 집 안에 정말 다양한 종류의 플라스틱이 있다는 걸 알게 될 거야.

식구들과 함께 해도 좋겠구나. 온 가족이 함께 STS(Science, Technology, Society) 공부를 하는 거지.

특히 전자레인지를 사용하기 전에 반드시 플라스틱 종류를 확인할 것! 부모님께도 "PS나 PVC 용기는 뜨거운 음식을 담는 그릇으로는 '꽝'이다!"라고 꼭 알려 드리길!

과학을 알면 환경호르몬으로부터 온 가족의 건강을 지킬 수 있단다.

쌤이 지금까지 설명한 플라스틱 종류들은 중2의 '기가(기술가정)' 에도 나온단다. 플라스틱의 종류는 어쩌고 하면서 배울 때 모두 나오는 것들이지. 흠아~ 과학을 열심히 공부하다 보면 '기가' 도 그냥 대비가 된다니까. 특히 전기 파트는 과학에서 배운 것을 기술에서 그대로 써먹을 수 있단다.

쌤은 이 글에서 울 애제자들이 사진으로 본 플라스틱 용기들을 번호별로 다 모아서 가지고 있단다. 쌤의 잦은 TV 출연으로(ㅎㅎ) 많은 PD님이나 작가 선생님들께서 쌤의 실험실에 오시는데, 실험 기구장 안에 플라스틱 용기가 잔뜩 들어 있는 박스를 보고는 이렇게 물어보는 분도 계셨단다. "왜 쓰레기를 버리지 않고 모아 두었느냐"고. 쌤에게 이 플라스틱 용기들은 절대 쓰레기가 아니란다. 우리가 사용하는 플라스틱 속의 화학 이야기를 들려주는 데 꼭 필요한, 귀중한 수업 자료이지. 쌤에겐 '쓰레기' 가 아니라 '보물' 인 것이야!

이렇게 알면 알수록 보이는 게 정말 많단다. 그것이 바로 '과학' 이라는 학문을 공부하는 이유이기도 해. 쌤이 늘 강조하지만, 과학은 우리의 삶을 풍부하게 해주지!!

집 안의 플라스틱 그릇이란 그릇은 다 뒤집어 보고 드디어 생활 속에서의 과학, STS를 크게 깨달은 애제자는 쌤의 플라스틱 이야기를 간략히 정리하면서 자신의 느낌을 한번 적어 보자. 지금까지 쌤의 책을 읽으면서 '간략하게 정리해 보기' 난이 여태 텅텅 비어 있는 제자라면 반성하길! 반드시 꼭 채우고 넘어간다! 알았지? 자꾸 적는 연습이 필요하걸랑. 꾸준히 쓰다 보면 자신의 생각을 보다 잘 정리할 수 있게 되고, 은연중에 앞으로 있을 대학 입시에서 중요한 통합 논술과 심층 면접에 대비할 수 있는 능력을 저절로 키우게 된단당~.

마지막으로 쌤의 아들이 '플라스틱 이야기' 1편과 2편을 읽고 나서 쓴 글을 공개한다. 아들이 초딩 6학년 때 쓴 글이란다. 마지막이 압권이다! 환경호르몬 얘기를 그렇게 했는데도 컵라면 좋아하는 건 말릴 수가 없네, 쩝~. (▽_▽)

쌤 아들의 플라스틱 이야기 1, 2편 간략하게 정리해 보기

플라스틱에도 이렇게 많은 종류가 있다는 사실을 알고 놀라웠다.
또 재활용품 표시를 보고 과학 공부를 할 수 있는 것을 보니,
정말 우리 사회가 STS와 관계가 깊다는 사실도 알 수 있었다.
요즘은 환경이 중요시되는 시점인데 과학을 모르면 환경보전이
어렵겠다는 생각도 들었다. 그리고 정말로 과학을 모르면 화학 약품도
페트병에 담고, 세제도 페트병으로 옮겨서 위험하게 될 수도 있으니까
앞으로 과학 공부를 열심히 해야겠다.
그래도 컵라면은 정말 맛있다.

교과서 어디?

'플라스틱 이야기 2'과 직결되는 교과 단원

중1 과학	Ⅶ. 과학과 나의 미래 2. 관심 분야 속 과학
중2 과학	Ⅰ. 물질의 구성 3. 분자, 원소 기호
고1 통합과학	Ⅰ. 물질과 규칙성 1. 물질의 규칙성과 결합
고2 화학1	Ⅲ. 화학 결합과 분자의 세계 1. 화학 결합

학습 포인트

플라스틱의 종류 2

- **PE(폴리에틸렌), PP(폴리프로필렌)** 화학적으로 상당히 안정적인 플라스틱.
- **PVC(폴리염화비닐)** 유독한 염소 원자를 포함(태우면 독성이 매우 강한 다이옥신이 나온다).
- **PS(폴리스타이렌)** 잘 떨어져 나오는 벤젠고리를 포함(환경호르몬이 유출될 우려가 있다).
- **환경호르몬** 우리 몸의 지방과 결합하여 잘 배출되지 않기 때문에 '생물 농축' 현상을 일으키고, 우리 몸에서 마치 호르몬처럼 작용해서 내분비계를 혼란시킨다. 또한 인간의 생식 기능을 저하시킨다. 무서워, 잉~~.

★ 하지만 PVC나 PS가 무조건 나쁘다는 건 아니란다. 음식물을 넣고 가열하는 것을 제외한 그 밖의 다른 용도로 PVC나 PS를 사용한다면 많은 장점들이 있단다. PVC는 모양이나 컬러를 다양하게 성형할 수 있어서 산업의 많은 분야에서 사용되고 있지. 또한 PS를 발포해서 만든 스타이로폼은 보온·보냉은 물론 상품의 포장 등에 없어서는 안 된단다. 요즘처럼 인터넷과 TV로 쇼핑하는 세상에서는 택배가 중요한데, 스타이로폼이 그 충격량을 감소시켜 주거든. 쌤이 얘기하고픈 건 플라스틱의 종류가 다양한 만큼 과학적인 지식을 가지고 용도에 맞게 사용하자는 거란다.^^

'플라스틱 이야기 2'와 관련된 서술형 평가의 예

1 환경호르몬을 정의하고 그 예를 들어 보아라.

2 플라스틱을 이루고 있는 주요 원소들에는 어떤 것이 있으며, 우리가 생활 속에서 사용하는 플라스틱의 종류에는 어떠한 것들이 있는지 나열해 보아라.

플라스틱 이야기2'와 관련된 사고력 평가의 예 + 예시 답안

문제의 답을 한눈에 알아볼 수 있도록 문제를 한 번 더 써 놓았습니다

1 환경호르몬을 정의하고 그 예를 들어 보아라.

예시 답안 생물체에서 정상적으로 생성·분비되는 물질이 아니라 인간의 산업 활동을 통해서 생성·방출되는 화학물질로, 생물체에 흡수되면 내분비계의 정상적인 기능을 방해하거나 혼란케 하는 화학물질을 말한다.

염소가 포함된 플라스틱류 등을 태울 때 나오는 다이옥신이나 컵라면 용기에서 녹아 나올 수 있는 스티렌 다이머, 트리머 등이 그 예이다.

2 플라스틱을 이루고 있는 주요 원소들에는 어떤 것이 있으며, 우리가 생활 속에서 사용하는 플라스틱의 종류에는 어떠한 것들이 있는지 나열해 보아라.

예시 답안 플라스틱은 주로 탄소(C)와 수소(H)로 이루어져 있다. 탄소와 수소 원자로 이루어진 화합물들이 많이 모여서 중합체가 된 상태가 바로 플라스틱이다. 플라스틱의 종류에는 음료수 병으로 주로 사용되는 PET(페트), 세제류 등을 주로 담는 PE(폴리에틸렌), 그리고 파이프 같은 것을 주로 만드는 PVC(폴리염화비닐)가 있으며, 이외에도 전자레인지용 용기에 주로 사용되는 PP(폴리프로필렌), 컵라면 용기에 사용되는 PS(폴리스티렌) 등이 있다.

'플라스틱 이야기 2'를 울 애제자 나름대로 간략하게 정리해 보기

요약정리하며 자신의 느낌과 생각을 꼭 추가할 것!! 서술형 평가와 과학 논·구술 대비가 절로 된단다.

humor page

울 애제자들~ 조금은 어려운 화학적 지식이 필요한 플라스틱 이야기를 읽느라 수고했당. ^.^ 그래서 쌤이 보상하는 의미에서 과학적인 유머를 소개하니까 함~ 보길! 쌤은 진짜 재미있게 읽었걸랑!! ㅎㅎㅎ

학과별로 파리 죽이는 방법

***화학과**

염산과 황산을 특수 가공 처리해 파리가 다니는 길목마다 대변 모양으로 쌓아 놓는다.

***물리학과(특히 광학 전공)**

특수 거울을 만들어 파리가 스스로 얼마나 흉악하게 생겼는지 깨닫고 비관 자살하게 한다.

***약학과**

아르바이트 파리 모집 광고를 낸 다음 이를 보고 온 파리에게 치사량의 수면제를 먹인다.

***수학과**

파리를 더하고 빼고 곱하고 나누어 죽인다.

***식품영양학과**

파리를 정력 식품으로 둔갑시켜 남자들에게 광고한다.

***철학과**

모든 생명체는 반드시 죽는다. 파리도 생명체다. 따라서 굳이 죽이려고 애쓰지 않아도 때가 되면 자연히 죽는다.

08 | 허걱!! 세상이 온통 과학이네

무지 썰렁한 드라이아이스~

드라이아이스로 할 수 있는 환상적인 실험들

날씨가 더워지면 어른 아이 할 것 없이 아이스크림을 찾게 되는데, 배스킨라빈스 같은 아이스크림 가게에 가서 아이스크림을 사고 포장을 부탁하면 그냥 아이스가 아니고 드라이아이스로 포장을 해주잖니. 이 드라이아이스가 있으면 화학과 생물 파트의 여러 단원에 걸쳐서 등장하는 아주 아주 중요한 과학 내용과 관련이 깊은 실험들을 직접 해볼 수 있단다.

자~ 그럼 우선 드라이아이스가 도대체 어떤 물질인지부터 살펴보도록 하자!

드라이아이스는 말 그대로 드라이한 아이스^^

드라이아이스(dry ice)는 말 그대로 드라이한 아이스란다. 헛! 그러면 반대말은 웨트아이스(wet ice)라고 할 수 있겠구나. 왜 드라이하냐? 우리가 보통 알고 있는 아이스, 즉 물로 만든 얼음은 현재 우리가 살고 있는 지구의 대기압(1기압) 하에서는 '얼음(고체) → 물(액체) → 수증기(기체)'로 상태 변화를 하잖니. 하지만 이산화탄소로 이루어진 드라이아이스는 '드라이아이스(고체) → 이산화탄소(기체)'로 액체 상태를 거치지 않고 단번에 상태 변화를 한단다. 이러한 상태 변화를 바로 '승화'라고 하지.

이산화탄소 고체 덩어리인 드라이아이스~.

만약 배스킨라빈스에서 아이스크림을 샀는데 일반 얼음으로 포장해 줬다고 생각해 보자. 가게에서 집까지 1시간 걸린다고 하면 더운 여름에는 오는 동안 얼음이 녹아 물이 되어 뚝뚝 떨어지고, 포장한 종이 가방은 젖어서 찢어지고, 대략 난감이겠지?

하지만 드라이아이스는 승화해서 이산화탄소가 되어 공기 중으로 날아가 버리기 때문에 깔끔 그 자체. 그리고 또 있어. 얼음이 물로 녹는 온도는 0℃이지만, 드라이아이스의 승화 온도는 −78℃란다. 얼음에 비해 훨씬 낮은 온도를 유지할 수 있어서 아이스크림을 낮은 온도에서 녹지 않게 보호하는 거지.

드라이아이스로 할 수 있는 무지 썰렁한 첫 번째 실험 : −70℃에서 급속 냉동! 덜~ 덜~ 덜~

자~ 기대하시라. 그러면 이 드라이아이스로 어떤 실험을 할 수 있는지 대한민국 최고의 과학 교육 전문가인 쌤이 보여 주마. 으하하하!

에, 일단 플라스틱 통에 드라이아이스를 담고 여기에 에탄올을 한번 확 부어 보자. 와우~ 아주 찬 기운이 느껴지는데 한여름에도 으슬으슬 추울 정도란다. −70℃ 이하로 온도가 뚝 떨어져 버리지. 여기에 얼음을 얼리면 완존~히 급속 냉동으로 1~2분이면 차가운 얼음 완성!

드라이아이스+에탄올 : 물을 순식간에 얼려 버려~.

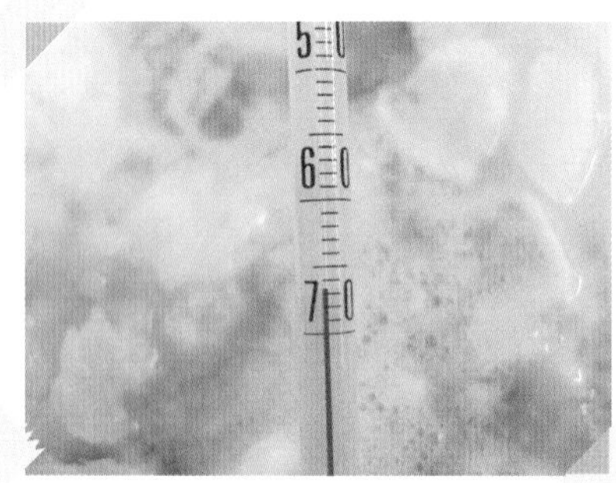

드라이아이스+에탄올 : −70℃ 가까운 낮은 온도.

BTB 용액 + 드라이아이스! 와우~ 판~타스틱해요!

이외에 또 하나의 멋진 실험을 할 수 있는데, 일단 플라스틱 통에 물을 담고 BTB 용액을 넣는 거야. 엥!? BTB 용액이 뭐냐고? BTB 용액은 중2의 생명과학 단원에서, 그리고 고2의 화학1, 고3의 화학2의 산 · 염기파트에서도 나오는 용액인데, 그야말로 좀 심심하다 싶으면 교과서에 자주 나타나는 단골 시약이니까 BTB 용액의 정체는 꼭 파악해야 한단다. BTB 용액은 산성, 중성, 염기성을 알려 주는 지시약이야!! 무엇으로 알려 주냐고? 바로 화려한 컬러로 알려 주지!

액성에 따라 변하는 BTB 용액의 화려한 색상

산성	중성	염기성
노랑	초록	파랑

그냥 물은 당연히 중성이기 때문에 물에 BTB 용액을 넣은 상태는 예쁜 초록색이란다.

물 + BTB 용액 : 중성 상태 - 초록색

그럼 이제 여기에 드라이아이스를 한번 팍 부어 볼까?

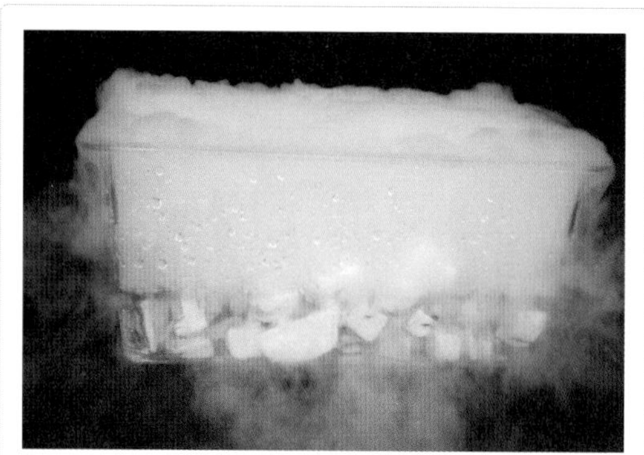

BTB 용액에 드라이아이스를 넣은 직후 : 산성 상태 - 노란색
와우~ 이 환상적인 구름은 공기 중 수증기의
급속 응결로 생기는 현상이란다.

흠아~ 환상적인 저 연기~ 하얀 구름이 생기네. 우와! 어떻게 된 일일까?

드라이아이스가 이산화탄소 덩어리라는 건 다들 잘 알고 있지? 그래서인지 이 연기가 뭐냐고 물어보면 이산화탄소라고 대답하는 제자들이 많더구나. 하지만 Oh, No! 아니야. 물론 이산화탄소가 같이 방출되기는 하지만 우리 눈에 안 보이거든.

지금 나오는 연기는 바로 '구름' 이란다! 구름하고 똑같이 보이잖니. 구름이 생긴 이유는 드라이아이스가 너무나 차갑기 때문에 주변의 수증기가 급속 냉각되어서 작은 물방울이나 또는 빙정(작은 얼음 결정)이 되어 버렸기 때문이란다.

호~흡!!(이 글을 읽으면서 '호~' 하면서 숨을 내쉬고, '흡!!' 하면서 숨을 들이마셔 본다. 실시!)을 할 때 쌤의 입에서 뭐가 나오겠니? 뭐라고? 입 냄새~? 아니, 독가스라고 대답한 애제자 누구야? 흐윽~ OTL.

쌤이 '호~'를 할 땐 쌤의 입에서 이산화탄소와 수증기가 나온단다. 그런데 눈에 안 보이지? 이산화탄소와 수증기는 절대로 눈에 보이는 기체가 아니란다. 지금 방 안을 한번 둘러봐 봐~. 울 애제자 방의 공기 속에 수증기가 있을까? Yes!! 있다!! 분명히 있다!! 하지만 눈에 안 보이는 거란다~.

그런데 쌤이 아주 아주 추운 겨울에 밖에 나가서 "울 애제자들~ 따랑해~♡·♡" 하고 외쳤다고 해보자. 어떨까? 쌤의 입에서 하얀 입김이 마구 마구 나오는 게 보이겠지. 날씨가 너무 추우니까 쌤의 입에서 수증기가 나오자마자 작은 물방울이나 빙점으로 응결되어 버리기 때문에 눈에 보이는 거란다.

구름이 생기는 원리도 마찬가지!! 수증기가 포함된 공기는 위로 올라가는데 올라가면 올라갈수록 더 기압이 줄어들거든. 그래서 눌러 주지 않으니까 부피가 커졌어~. 부피가 커지는데 에너지를 다 쓰니까 이제 온도가 낮아지네! 온도가 낮아지다 낮아지다 마침내 이슬점(수증기가 물방울로 응결되기 시작하는 온도)에 도달하면 드뎌 오글~~오글~~, 폭신~~폭신~~ 구름이 생기게 되는 거야.

[구름의 생성 과정]

공기 덩어리~ 상승 → 부피 팽창
→ 온도 하강 → 이슬점 도달 : 오글~ 오글~ 구름이 생기네~.

쌤이 드라이아이스를 이용해 하늘에 떠 있는 구름의 생성 과정을 보여준 거란당.^^ 그리고 또 쌤과 닮은(?) 이효리, 보아 같은 가수들이 등장할 때 무대에 쫘악~ 깔리는 하얀 연기들도 바로 드라이아이스를 이용하여 만드는 것이란다. 뭐라고? 쌤과 닮은 가수는 방실이 언니라고? 흠! 하긴 요새 방실이 언니가 살도 빼고 많이 예뻐지셨던데…. 핫! 그런데 BTB 용액의 색상은 왜 이렇게 순식간에 '노란색'으로 변해 버렸냐고? 울 애제자들, 이산화탄소가 잔뜩 녹아 있는 음료수를 우리는 뭐라고 부르지? 맞았어! 탄산음료라고 부르잖니. 이산화탄소가 물에 녹으면 탄산이 된단다.

$$H_2O(\text{물}) + CO_2(\text{이산화탄소}) \rightarrow H_2CO_3(\text{탄산})$$

탄산. 여기에 '산'이란 글자가 들어가 있잖니. 바로 '산성' 물질이거든. 초록색인 중성의 물에 이산화탄소 덩어리인 드라이아이스를 넣으니까 드라이아이스의 이산화탄소가 물에 녹으면서 탄산이 형성되어 순식간에 산성을 나타내는 노란색으로 색깔이 변한 거야. 그런데 쌤이 실험하면서 찍은 사진을 보면 이 노란색은 정말 완전히 오줌 색깔 같지 않니? 흐흐~.

중2 과학의 'Ⅳ. 식물과 에너지' 단원에서 광합성과 호흡에 대해 배울 때 이 BTB 용액을 이용한 실험이 꼭 시험에 나오는데, 초록색인 중성 상태의 BTB 용액에 금붕어를 넣으면 노란색으로 변하게 된단다. 이유는 금붕어가 호흡하면서 내뿜은 이산화탄소 때문이지. 드라이아이스로 한 실험에서 BTB 용액이 노란색으로 변한 것과 화학적으로 완벽하게 같은 이유로 변한 거지.

BTB 용액의 산성, 중성, 염기성 상태를 모두 볼 수 있구나~.

얼음은 물에 뜬다! But 드라이아이스는 가라앉아 버린다

여기서 좀 더 관찰력을 발휘해 보자. 우리가 늘 보던 얼음은 물보다 밀도가 작아서 물 위로 뜨지만, 드라이아이스는 밀도가 크기 때문에 물 밑으로 가라앉는 것을 관찰할 수 있단다. 사실 드라이아이스 한 박스는 연약한(?) 쌤이 들기엔 정말 무겁단다. 진짜야~! 드라이아이스는 부피에 비해 질량이 큰 편이거든. 같은 부피의 얼음 덩어리보다 훨씬 더 무겁다니까. 이럴 때 바로 밀도가 크다!라고 표현한단다.

밀도 : 얼음 < 물 < 드라이아이스

BTB 용액 + 드라이아이스

– 통 바깥쪽에서는 '승화' 현상도 관찰할 수 있지. 흠흠!

BTB 용액에 드라이아이스를 넣고 30분 정도 기다리면 이렇게 또 멋진 모습을 관찰할 수 있단다. 드라이아이스의 낮은 온도 때문에 BTB 용액이 딱딱하게 어는 것을 볼 수 있고, 또 플라스틱 통 바깥쪽에 마구 서리가 맺히는 것을 볼 수 있단다. 쌤 실험실의 공기 중에 있던 수증기가 통 주변에서 승화되어 바로 얼음 결정이 되어 버린 거야. 이것이 바로 서리!! 우리가 늦가을 아침에 볼 수 있는, 풀잎에 맺히거나 차창에 달라붙는 하얀 서리와 같은 것이란다.

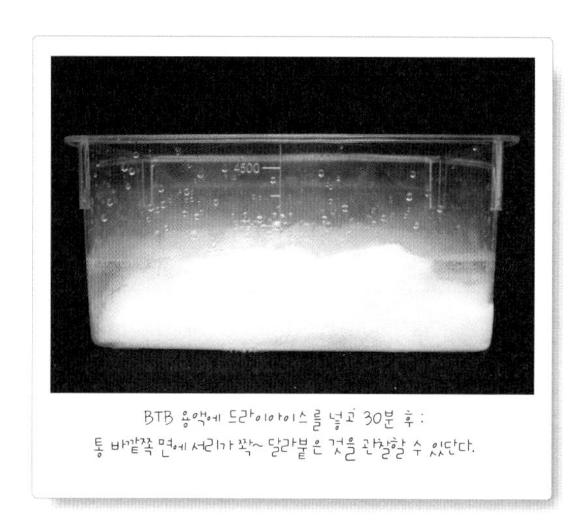

BTB 용액에 드라이아이스를 넣고 30분 후 :
통 바깥쪽 면에 서리가 쫙~ 달라붙은 것을 관찰할 수 있단다.

드라이아이스를 물에 넣었을 때의 상태 변화

1. 드라이아이스 : 고체 → 기체(승화)
2. 드라이아이스 주변의 물 : 액체 → 고체(응고)
3. 공기 중의 수증기 : 기체 → 고체(승화)

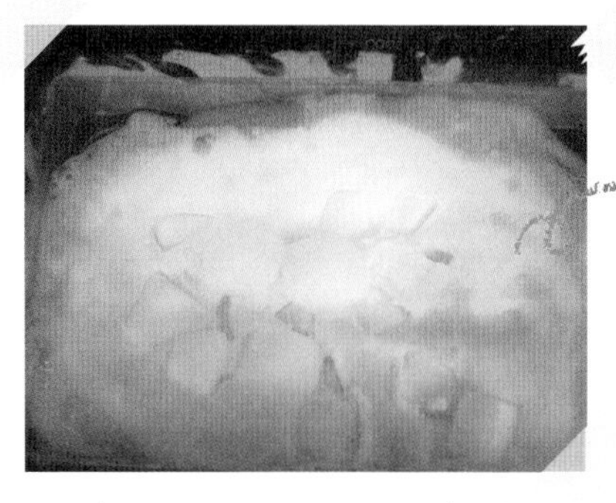

드라이아이스와 그 주변의 BTB 용액이 같이 얼어서
덩어리를 이루고 있구나.

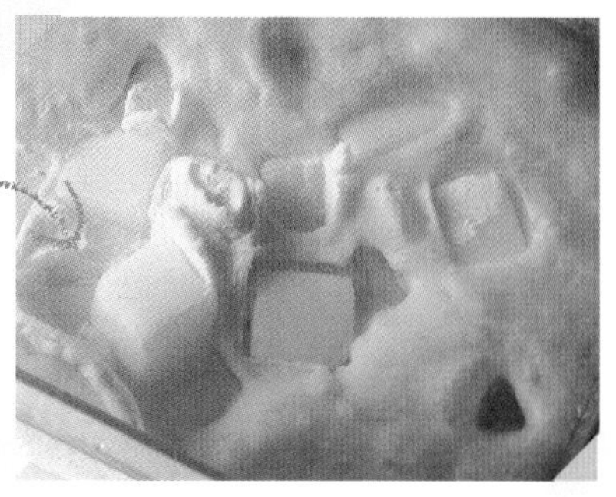

드라이아이스가 승화되어 점점 줄어들면서 원래의
크기에 해당하는 빈 공간이 생기는 것을 볼 수 있단다.

에, 이제 드라이아이스를 넣고 1시간쯤 지났구나. 그럼 드라이아이스 주변의 얼음 덩어리들을 한번 살펴볼까?

드라이아이스 주변에 틈이 생긴 것들이 보이지?

"나 원래 이 사이즈야!! 나 원래 이랬어!" 하고 드라이아이스가 딱 자기 영역을 표시해 놓은 것 같지? 하하. ^^

주변의 물이 얼고 난 이후에도 드라이아이스는 계속 조금씩 승화하지만, 주변의 얼음은 드라이아이스의 차가운 온도 때문에 융해되지 않고 그대로 그 모양을 유지하기 때문에 이런 현상을 관찰할 수 있는 거란다.

녹았던 이산화탄소는 다시 빠져나가 버린다!
BTB 용액은 다시 원래의 색깔로!

이렇게 드라이아이스에 포함된 이산화탄소가 녹으면서 노란색이 되었던 BTB 용액도 하루나 이틀 정도 시간이 지나면 다시 초록색으로 돌아온단다. 녹았던 이산화탄소가 온도가 높아지면서 다 빠져나가 버리기 때문이지!

고체의 용해도는 온도와 비례
But, 기체의 용해도는 온도와 반비례
설탕은 뜨거운 커피에 더 많이 녹지만,
이산화탄소는 차가운 사이다에 더 많이 녹을 수 있다.

만약 사이다의 뚜껑을 열어 놓고 하루 이틀 있다가 먹는다고 생각해 봐~. 에구, 싱거워라!(하긴 특이한 아이들도 있어요. 울 아들은 그게 더 맛있다네(_-;). 으윽). 이렇게 BTB 용액은 이산화탄소가 녹았다가 빠져나가면서 노란색에서 다시 초록색으로 색깔이 변한단다.

이산화탄소가 다시 빠져나가면서
원래의 초록색으로 돌아왔단다.

자~ 쌤의 드라이아이스 실험 이야기를 읽으면서 많은 과학 원리를 공부해 보았구나. 그러면 울 애제자들도 동네 아이스크림 가게에 들러서 드라이아이스를 구해 한번 실험을 해보자!

뭐라고? 비싼 아이스크림을 많이 많이 사야지만 포장해 준다고? 알아, 알아. 하지만 과학 실험을 위해 꼭 필요하다고 말씀드리면서 물 한 컵과 드라이아이스를 딱 한 조각만 달라고 부탁드려 보렴. 물론 가장 작은 아이스크림 하나 정도는 예의상 사야겠지? 테이블에 앉아서 물 한 컵에 한 조각의 드라이아이스를 넣는 것만으로도 멋진 구름의 생성 과정을 관찰할 수 있단다.

그리고 친구나 가족의 생일에 빵으로 만든 케이크 말고 아이스크림 케이크를 하나 사면 어떨까? 그러면 포장해 준 드라이아이스로 만든 환상적인 구름 속에서 멋진 생일 축하 파~티를 할 수 있지!

축하도 하고, 과학 공부도 하고.^^

와우~ 그럼 우리 또 다음 장에서 더 재미있는 과학 이야기로 만나자!

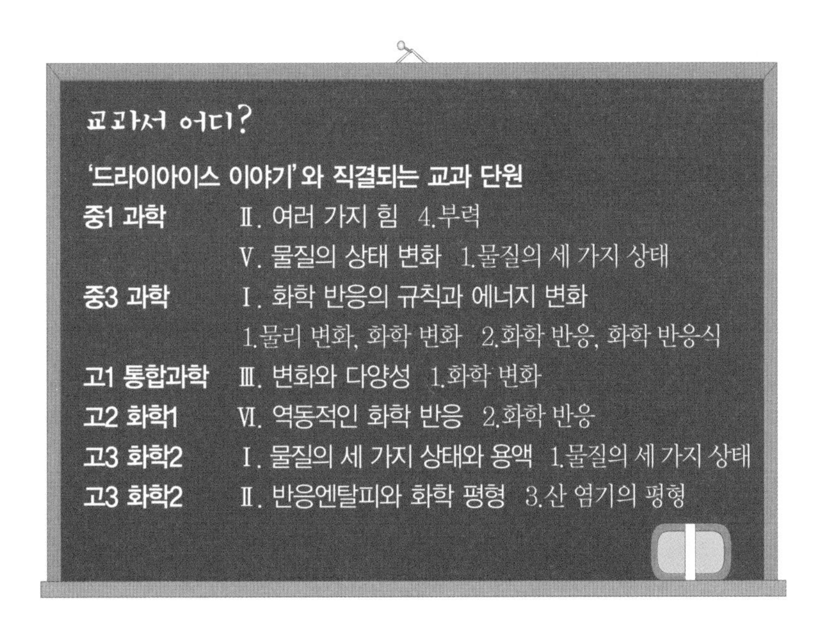
교과서 어디?

'드라이아이스 이야기'와 직결되는 교과 단원

중1 과학	Ⅱ. 여러 가지 힘 4.부력
	Ⅴ. 물질의 상태 변화 1.물질의 세 가지 상태
중3 과학	Ⅰ. 화학 반응의 규칙과 에너지 변화
	1.물리 변화, 화학 변화 2.화학 반응, 화학 반응식
고1 통합과학	Ⅲ. 변화와 다양성 1.화학 변화
고2 화학1	Ⅵ. 역동적인 화학 반응 2.화학 반응
고3 화학2	Ⅰ. 물질의 세 가지 상태와 용액 1.물질의 세 가지 상태
고3 화학2	Ⅱ. 반응엔탈피와 화학 평형 3.산 염기의 평형

학습 포인트

드라이아이스 이야기

● 헛! 드라이아이스로 실험할 때 특히 주의!!

- 절대로 드라이아이스를 맨손으로 만지지 않는다! (심한 동상에 걸릴 우려가 있다).
- 드라이아이스를 통이나 유리병 같은 곳에 밀봉하지 않는다

(터진다, 터져! 게다가 유리병이라면, 뜨아~ 생각하기도 싫구나! '승화에 의한 부피의 증가→ 통 속 기압의 증가→폭파!' 절대로 밀봉된 통에는 넣지 않도록! 실험이나 관찰을 위해 비닐봉지에 밀봉하는 것은 괜찮지만, 비닐봉지가 심하게 부풀어 오르면 뚫어 주는 것이 안전하단다).

● 드라이아이스는 CO_2(이산화탄소) 덩어리

● 드라이아이스의 상태 변화

1기압에서는 고체 → 기체(승화)

● 여러 가지 지시약

	산성	중성	염기성
메틸오렌지	빨간색	주황색	노란색
BTB	노란색	초록색	파란색
페놀프탈레인	무색	무색	붉은색

*앞 글자만 떼어내어 '빨주노~ 노초파~ 무무붉~' 하면서 외우면 된단다.

● 구름의 생성 과정

공기 덩어리 상승 → 부피 팽창 → 온도 하강 → 이슬점 도달, 마침내 구름 생성!

*구름이 생기기 위해서는 무조건 올라가야~.

● 이산화탄소가 녹은 음료수가 탄산음료

CO_2 + H_2O + H_2CO_3

(이산화탄소) (물) (탄산)

● 기체의 용해도는 압력과 비례 / 온도와 반비례

그래서 사이다는 뚜껑 꼭 닫아서 냉장고에 보관해야 맛있단다.

(압력은 높이고)(온도는 낮추고)

'드라이아이스 이야기' 와 관련된 서술형 평가의 예

1 드라이아이스를 비닐 주머니에 넣어 두었더니 비닐 주머니 표면에 흰색의 고체 물질이 허옇게 달라붙었다.

1) 비닐 주머니 속의 드라이아이스는 어떠한 상태 변화를 하는지, 또 비닐 주머니를 밀봉시키면 어떻게 되는지 서술하여라.

2) 이 흰색의 고체 물질은 무엇이며, 어떠한 과정을 거쳐 생성되었는지 서술하여라.

2 중성의 초록색 BTB 용액에 드라이아이스를 넣었을 때 색깔이 어떻게 변화하는지, 그리고 왜 그렇게 변하는지 서술하여라. 또한 실험을 하고 하루 정도 지나면 BTB 용액의 색상은 어떻게 변하며, 또 그 이유는 무엇인지 서술하여라.

'드라이아이스 이야기'와 관련된 서술형 평가의 예 + 예시 답안

문제와 답을 한눈에 알아볼 수 있도록 문제를 한 번 더 써 놓았단다!

1. 드라이아이스를 비닐 주머니에 넣어 두었더니 비닐 주머니 표면에 흰색의 고체 물질이 허옇게 달라붙었다.

1) 비닐 주머니 속의 드라이아이스는 어떠한 상태 변화를 하는지, 또 비닐 주머니를 밀봉시키면 어떻게 되는지 서술하여라.

예시 답안 드라이아이스는 고체 상태에서 기체 상태로 승화한다. 이때 부피가 많이 팽창하기 때문에 비닐 주머니를 밀봉시키면 주머니가 터질 듯이 부풀어 오른다.

2) 이 흰색의 고체 물질은 무엇이며, 어떠한 과정을 거쳐 생성되었는지 서술하여라.

예시 답안 비닐 주머니 표면의 흰색 고체 물질은 '서리'다. 이것은 대기 중의 수증기가 드라이아이스의 낮은 온도 때문에 비닐 주머니 표면에서 승화하여 고체 상태인 작은 빙정으로 변한 것이다.

2. 중성의 초록색 BTB 용액에 드라이아이스를 넣었을 때 색깔이 어떻게 변화하는지, 그리고 왜 그렇게 변하는지 서술하여라. 또한 실험을 하고 하루 정도 지나면 BTB 용액의 색상은 어떻게 변하며, 또 그 이유는 무엇인지 서술하여라.

예시 답안 초록색 BTB 용액은 노란색으로 변하게 된다. 그 이유는 드라이아이스가 승화하면서 BTB 용액 속으로 녹아 들어간 이산화탄소 때문에 탄산이 생성되었고, 산성인 이 탄산 때문에 액성을 알려 주는 지시약인 BTB 용액이 노란색으로 변하였다. 하루 정도 지나 드라이아이스가 모두 승화하고 드라이아이스의 차가움 때문에 얼었던 얼음도 모두 녹고 나서 한참이 지나면 다시 초록색으로 돌아오게 되는데, 이는 온도가 올라가면서 녹았던 이산화탄소가 다시 다 빠져나가기 때문이다. 이로써 기체의 용해도는 온도와 반비례한다는 사실을 확인할 수 있다.

['드라이아이스 이야기'를 울 애제자 나름대로 간략하게 정리해 보기]

요약정리하며 자신의 느낌과 생각을 꼭 추가할 것!! 서술형 평가와 과학 논·구술 대비가 절로 된단다.

humor page

황당 과학 유머

1 나무를 계속 잘라 내면 어떤 일이 생길까?

나무를 없애면 민둥산이 되어 공기 저항을 덜 받기 때문에 지구가 빨리 돈다. 지구 자전 속도가 빨라져 하루가 짧아지고, 수업 시간이 줄어들어 빨리 집에 갈 수 있다.

중딩, 고딩 애제자들~~ 혹시 나무 베러 가지는 않겠지? ㅎㅎ

2 식빵에 잼을 바르다 떨어뜨리면 항상 잼 바른 면이 바닥에 닿게 떨어진다. 고양이를 떨어뜨리면 언제나 다리부터 사뿐히 내려앉는다. 만일 고양이 등에 잼 바른 면이 위로 오게 한 빵을 묶어 떨어뜨리면 어떤 일이 생길까?

빵은 잼 바른 면이 바닥으로 떨어지려 하고 고양이는 다리 쪽으로 내려서려고 서로 겨루다 결국 어느 쪽도 내려오지 못한 채 무중력 상태처럼 둥둥 떠 있게 된다.

헛! 이거 이거, 진짜 이렇게 되는지 확인하는 방법은 단 한 가지! 직접 실험을 해보는 것이지. 아~~ 정말 함 실험해 보고 싶어라~. 그런데, 그런데, 흠아~ 쌤은 고양이가 없구나! 혹시 고양이 키우는 애제자들 한번 실험해 보고 결과를 www.choieunjung.com의 과학 자료실로 올려다옹~~. 쌤의 카페란다!

3. 아이스 하드로 다이어트를 할 수 있는 근거는 무엇인가?

차가운 아이스 하드는 뱃속에서 녹아 결국에는 체온과 같아진다. 이때 아이스 하드를 녹이고 데우는 것은 우리 몸이 한다. 영하 10℃의 꽁꽁 언 하드를 먹으면, 이를 체온까지 올리는 데 무려 180kcal가 소모된다. 그러니 매일 식후 하드를 여섯 개씩 먹으면 수영을 30분 동안 쉬지 않고 계속하는 것만큼 열량이 소모된다.

설마 3번을 정말로 따라 하지는 않겠지? 다이어트가 되는 게 아니라 배탈 난다! 절대 따라 하지 말 것!! 흠흠.

09

허걱! 세상이 온통 과학이네

눈이 오면 뿌리는 제설제는 도대체 어떤 물질일까?

제설제, 물 먹는 하마 – 모두 주성분은 염화칼슘($CaCl_2$)!!

눈이 많이 내려서 차들이 엉금엉금 기어 다닐 때,

길에 뿌리는 것이 바로 제설제이잖니.

최고의 과학 교육 전문가인 쌤이 제설제 속에

꽁꽁 숨어 있는 재미있는 과학 이야기를 지금부터 해줄게.

잘~ 듣거라. 으하하. ^^

눈이 엄청나게 많이 왔을 때, 쌤은 아들과 함께
하체 비만형의 눈사람을 두 개나 만들었단다.

빙판이 되면 현저히 줄어드는 마찰력!! 뜨아~

몇 해 전 겨울, 마산(쌤의 고향이기도 함)에 사는 애제자에게서 따뜻한 남쪽 항구 도시 마산에도 눈이 5cm나 쌓였다는 문자를 받았단다. 우리나라 남쪽 끝에 사는 애제자들은 다 잘 알겠지만, 눈이 쌓이는 것을 보는 게 워낙 드물걸랑.
하얀 눈이 마구 마구 날리고 또 쌓이면 강아지들과 어린이들은 무진장 좋아하지! 아~ 사실은 개와 어린이들뿐만 아니라 선생님도 무지 눈을 좋아한단다. 하얀 눈으로 눈사람 만드는 기쁨은 다른 계절에 누릴 수 없는 것이잖아~.
하지만 모두가 잠든 밤에 눈이 오고, 그 눈이 얼어 버리면 난리가 나지. 특히 자동차를 운전해야 하는 사람에게는 절대로 눈이 반갑지 않단다. 다져진 눈에 의해 만들어진 빙판 위에서 갑자기 브레이크를 밟았다가는 자동차가 그야말로 휭~ 하고 돌아 버리걸랑(에구, 경험담이야~. 차가 돌면서 들이받은 곳은 다행히 없었지만^^;).
그런데 결국 빙판에서 사고를 당한 일이 있단다. 밀레니엄이 시작된다고 온 나라가 들떠 있던 2000년에 새로 뽑은 차를 몰고 랄라룰루~ 가다가 4중 추돌 사고를 당한 것이지. 9인승 승합차가 뒤에서 쌤의 차를 들이받았는데, 그 운동량을 그대로 전달받은 쌤의 차가 또 튀어나가 앞에 있는 승용차를 냅다 받아 버렸단다. 쿵하고 뒤에서 천둥소리가 나고 그다음 순간 앞 차의 트렁크가 완죤~히 반쪽이 되는 걸 보았지. 영화의 한 장면이 눈앞에 펼쳐지는 느낌이었단다! 에~ 결론적으로 쌤의 차는 앞뒤가 다 부서졌지. 쌤의 차가 우아한(? ^^) 쌤이랑 좀 어울리지 않는, 무식하게 튼튼한 사륜 구동 차여서 덕분에 몸은 거의 다치지 않았지만, 그 사고도 빙판에서였단다. 빙판에서는 마찰력이 현저히 줄어들기 때문에 정말 정말 조심해서 안전 운전을 해야 한단다.

제설제도, 물 먹는 하마도 주성분은 바로 염화칼슘($CaCl_2$)

그래서 이러한 사고를 미연에 방지하기 위해 눈이 많이 내리면 제설제를 뿌리잖아. 빙판을 녹이기 위해서 말이야. 바로 그 제설제의 화학적인 성분이 무엇인지 울 애제자들은 아는지?

바로 염화칼슘($CaCl_2$)이란다. 정제된 염화칼슘은 유독한 약품이 아니라서 먹어도 괜찮아. 칼슘이 많이 든 음료수라고 광고하는 제품들 속에 들어가는 성분이기도 하거든(핫! 그래도 제설제로 구입한 염화칼슘을 먹어서는 안 된단다. 불순물이 포함되었을 수 있걸랑). 그런데 이 염화칼슘이라는 화합물의 가장 큰 특징은 흡습성이야. 대단히 물을 잘 빨아들인단다. 심지어 공기 중의 수증기까지도 싹 빨아들이거든. 그래서 장마철이면 눅눅해진 옷을 보송보송하게 하기 위해, 집집마다 옷장 속에 한 마리씩 키우는 '물 먹는 하마'의 주성분이기도 하지!

핫! 그런데 사실은 염화칼슘보다 물을 흡수하는 성질이 더 확실한 화학 약품이 있단다. 진한 황산(H_2SO_4)인데, 정말 정말 확실하게 물을 뽑아가 버리지. 그래서 '탈수성'을 가진 물질이라고도 한단다. 흡습성보다는 한 단계 더 센 표현이지?

성분에 '염화칼슘'이라고 적혀 있는 게 보이지?
하마가 무지 귀여운 척하면서 물을 빨아들이고 있잖아.

염화칼슘보다 더 물을 잘 빨아들이는 진한 황산(H_2SO_4)!!

쌤이 이 진한 황산과 설탕의 반응을 실험한 일이 있는데, 뜨아~ 정말 장난이 아니란다. 하얗던 설탕이 그냥 시커먼 숯으로 변해 버리거든. 탄소(C), 수소(H), 산소(O)로 구성된 설탕($C_{12}H_{22}O_{11}$)에서 물(H_2O)을 쏙 뽑아가 버리면 탄소(C)만 남게 된단다. 탄소가 숯의 주성분인 건 알지? 그야말로 설탕이 까맣게 탄 숯덩이가 되어 버린단다.

이 진한 황산이 만약 피부에 닿는다면? 심한 화학적인 화상을 입게 된단다. 불에 타는 것과 마찬가지지. 실험 도중 쌤의 팔 안쪽에 딱 한 방울이 튀었는데도 꽤나 깊은 화상을 입었걸랑. 이렇게 위험한 물질이다 보니 아무리 흡습성이 뛰어나도 진한 황산(H_2SO_4)을 옷장 안에다 물 먹는 하마처럼 키울 수는 없는 노릇이란다. 그래서 우리는 전혀 위험하지 않은 '염화칼슘($CaCl_2$)'이 주성분인

[준비물 : 하얀 설탕, 무서운 황산 (H_2SO_4)]

❶ 하얗고 고운 설탕 - 실험 전.

❷ 황산을 붓는다. 시작!!

❸ 색깔이 점점 진해지는 설탕.

❹ 이제 진한 갈색으로 변해버렸어.

❺ 새까맣게 타면서 부풀기까지.

❻ 뜨아~ 시커먼 기둥이 되었다!

❼ 탄소(C)만 남은 설탕.
심한 연소로 구멍도 숑숑!!

최은정 쌤이 직접 실험한
진한 황산+설탕의 반응.
설탕에 진한 황산을 붓자
점점 변하기 시작하면서
하얗던 설탕이 시커먼
숯덩이가 되는 모습이야!

물 먹는 하마를 옷장 속에 키우는 거지. 염화칼슘은 손으로 만져도 화상을 입는다든지 하는 일은 절대로 없걸랑. 그렇다고 염화칼슘을 맨손으로 오랜 시간 주물럭거리는 건 안 돼!! 피부 미용에 좋지 않단다. 흐~^^

염화칼슘은 물에 정말 정말 잘 녹는단다!!

이렇게 수증기도 흡수할 만큼 물과 친하니까, 당연히 물에 잘 녹는단다. 물에 잘 녹는 것으로 알려진 소금(화학적 이름은 염화나트륨, NaCl)보다도 훨씬 더 잘 녹지. 좀 더 유식하게 표현하면 염화칼슘의 용해도가 염화나트륨의 용해도보다 크단다.

쌤이 중2 과학 과정에서 '물질의 특성'을 가르치며 밀도에 대한 실험을 했단다. 소금물의 농도를 점점 높이면 동시에 밀도가 커지니까 달걀이 점점 떠오르는 실험이지. 그런데 소금을 어느 정도 녹이다 보면 소금에 의해 포화되어 버려서 더 이상은 소금이 녹지 않게 된단다. 이렇게 소금으로 완전 포화 용액이 된 상태라도 염화칼슘을 넣게 되면 아주 잘 녹는단다. 염화칼슘이 염화나트륨보다 용해도가 더 큰 것을 실험으로 직접 확인할 수 있는 순간이지.

쌤이 포화된 소금물에 염화칼슘을 넣고 있단다. 쌤이 손에 들고 있는 것이 바로 '염화칼슘' 병이야.

이렇게 물에 잘 녹는 염화칼슘을 얼음 위에 뿌리게 되면 녹는점을 낮추면서 얼음을 약간 녹이게 되고, 일단 녹은 소량의 물에도 염화칼슘은 막 녹아 들어가게 되지. 그러면서 발열도 하기 때문에 주변의 얼음을 녹이고, 그것이 또 녹는점을 낮추고, 이렇게 해서 꽝꽝 다져진 얼음으로 변한 눈덩이들마저도 염화칼슘이 팍팍 녹여 버리게 되는 것이란다.

엥? "그런데 녹는점이 뭐죠? 그리고 염화칼슘이 어떻게 녹는점을 낮게 하나요?" 하고 질문할 수도 있는 울 애제자들을 위하여 나름대로 '친절한 은정씨'인 쌤이 자세히 설명을 해주마.

'어는점 = 녹는점'

겨울에 민물 호수나 저수지의 물은 얼어도 바닷물은 잘 얼지 않는다는 건 알고 있지? 왜냐? 바로 바닷물은 여러 가지 염류가 녹아 있는 수용액이기 때문이지. 수용액이 되면 그냥 순수한 물일 때보다 액체 상태에서 고체 상태가 되는 온도, 즉 어는점이 더 내려가게 된단다. 그래서 0℃ 이하에서도 바닷물은 얼지 않는 거란다.

그런데 '어는점 = 녹는점'이잖니. 헛! 혹시 어는점하고 녹는점이 똑같은 온도란 말을 처음 듣는 애제자들이 있나? 흠! 있을 수 있지. 그럼 또 쌤이 아주 친~절하게 설명을 하는 수밖에. 잘 듣거라.

물이 몇 ℃에서 얼음으로 되지? 당연히 0℃잖아. 그럼 또 질문 하나 더! 얼음은 몇 ℃에서 녹지? 역시 0℃이지. 이 0℃가 물의 어는점이면서 얼음의 녹는점이니까 '어는점 = 녹는점' 이란 걸 이제 확실하게 알겠지? 바닷물에서도 어는점이 내려가면 녹는점도 같이 내려간단다.

제설제로 염화칼슘을 뿌리게 되면 눈은 순수한 물이 아니고 수용액 상태가 되므로, 바닷물처럼 녹는점이 내려가서 순수한 얼음은 절대로 녹지 않는 0℃ 이하의 추운 날씨에도 녹는단다. 염화칼슘이 눈을 제거하는 '제설제' 가 되는 거지.

자~ 이제부터는 물 먹는 하마도 그냥 물 먹는 하마로 보지 마. 그 속엔 흡습성도 강하고 눈도 팍팍 녹이는 염화칼슘이 들어 있다는 걸 명심해. 이렇게 우리가 생활 속에서 사용하는 많은 제품들 속에는 과학이 쏙쏙 숨어 있단다. 쌤이 얘기했지? 살아가면서 이렇게 숨어 있는 과학들을 찾아내는 숨바꼭질 놀이가 얼마나 재미있는지. 쌤은 이 숨바꼭질 놀이가 정말 미치게 재미있다니깐. 울애제자들~ 쌤과 생활 속 과학 찾기 숨바꼭질 놀이 같이 하자, 알았쥐?

그럼 울 애제자들, 다음 이야기에서는 쌤이 제설제와 관련된 생물학적인 이야기를 들려주마! 기대하시라, 두구두구두구두구~

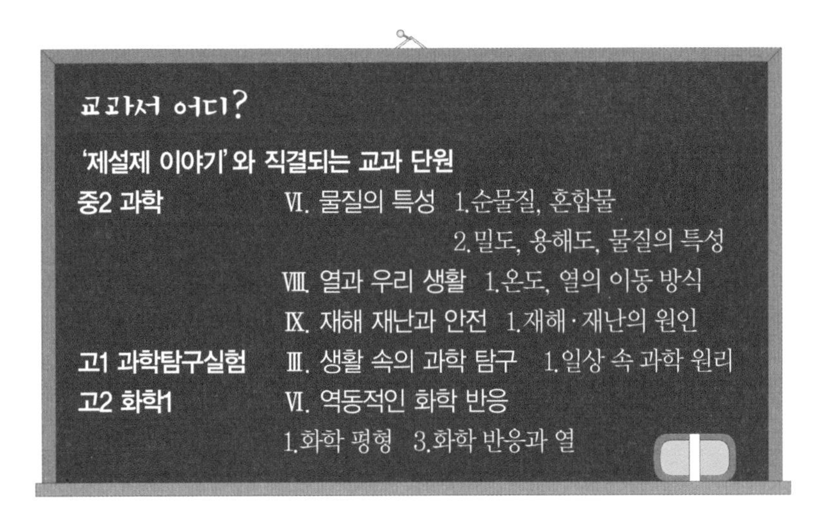

교과서 어디?

'제설제 이야기' 와 직결되는 교과 단원

중2 과학	Ⅵ. 물질의 특성 1.순물질, 혼합물 2.밀도, 용해도, 물질의 특성
	Ⅷ. 열과 우리 생활 1.온도, 열의 이동 방식
	Ⅸ. 재해 재난과 안전 1.재해·재난의 원인
고1 과학탐구실험	Ⅲ. 생활 속의 과학 탐구 1.일상 속 과학 원리
고2 화학1	Ⅵ. 역동적인 화학 반응 1.화학 평형 3.화학 반응과 열

학습 포인트

제설제 이야기

- 제설제와 물 먹는 하마의 주성분 : **염화칼슘($CaCl_2$)**
- 탈수성이 강한 무서운 화학 약품 : **진한 황산(H_2SO_4)**
- **용해도** 염화칼슘 〉 염화나트륨

★★★ 염화칼슘은 용해도도 매우 크고 또 얼음의 녹는점을 낮춰 주기 때문에 제설제로 이용할 수 있다. 흠흠!!

[녹는점 = 어는점]

얼음은 0℃에서 녹고 0℃에서 언다!

'**제설제 이야기**' 와 관련된 서술형 평가의 예

1 제설제로 쓰이는 염화칼슘($CaCl_2$)이 빙판을 녹이는 과정을 서술하여라.

2 물 분자를 흡수하는 성질이 강한 화학물질들이 있다. 그 예를 들고, 각각의 화학물질의 특징을 간단히 서술하여라.

'제설제 이야기' 와 관련된 서술형 평가의 예 + 예시 답안

문제와 답을 한눈에 알아볼 수 있도록 문제를 한 번 더 써 놓았단다!

1 제설제로 쓰이는 염화칼슘($CaCl_2$)이 빙판을 녹이는 과정을 서술하여라.

예시 답안 염화칼슘은 용해도가 대단히 커서 물에 잘 녹아 들어간다. 얼음 위에 뿌리게 되면 녹는점을 낮추면서 0℃ 이하의 추운 날씨에도 얼음을 약간 녹이게 되고, 일단 녹은 소량의 물에 다시 또 녹아들게 된다. 이 과정에서 열도 발생하기 때문에, 주변의 얼음을 또 녹일 수 있다. 이러한 과정을 반복하면서 꽁꽁 얼어붙은 빙판도 염화칼슘으로 녹일 수 있는 것이다.

2 물 분자를 잘 흡수하는 화학물질들이 있다. 그 예를 들고, 각각의 화학물질의 특징을 간단히 서술하여라.

예시 답안 **산성** – 진한 황산(H_2SO_4) : 탈수성이 상당히 강해서 물을 포함한 화학물질에서 물 분자만 쏙 빼 버린다. 화학적으로 완전히 타 버리게 만든다.

중성 – 염화칼슘($CaCl_2$) : 흡습성이 대단히 크다. 하지만 인체에 해가 없기 때문에 실생활에서 사용할 수 있다. 장마철에 습기를 제거하기 위해 옷장에 넣는 물 먹는 하마의 주성분이기도 하다.

염기성 – 수산화나트륨(NaOH) : 공기 중의 수증기와 이산화탄소를 잘 빨아들인다. 수산화나트륨을 샬레에 부어서 공기 중에 노출시키면 공기 중의 수분을 흡수해서 저절로 녹다가 나중에는 하얗게 변하게 된다. 하얗게 변하는 것은 이산화탄소를 흡수하여 탄산나트륨(Na_2CO_3)이 생성되었기 때문이다.

수산화나트륨 – 금방 시약병에서 꺼낸 상태. 하얀 알갱이임을 관찰할 수 있지. 흠~.

2~3일쯤 지나면 이렇게 변한단다. 공기 중의 수분과 이산화탄소를 많이많이 흡수하게 되어 탄산나트륨 상태가 되지!

'제설제 이야기'를 읽은 후 나름대로 간략하게 정리해 보기

요약정리하며 자신의 느낌과 생각을 꼭 추가할 것!! 서술형 평가와 과학 논·구술 대비가 절로 된단다.

10 | 허걱!! 세상이 온통 과학이네

나무들이 말라 죽었어! ㅠ.ㅠ
'삼투 현상' 때문이야

제설제에 얽힌 생물학적 이야기

바로 앞 글에서 쌤은 제설제의 주성분이 '염화칼슘'이란 걸 무지 강조했단다. 그러면서 이 염화칼슘의 흡습성과 함께 녹는점, 어는점과 관련한 화학적인 이야기를 많이 많이 해주었지. 이번에는 쌤이 제설제에 얽힌 생물학적인 얘기를 해주마.

제설제를 뿌릴 때도 적용되는 격언, '지나치면 모자람만 못하다'

2004년 1월 구정 연휴 때에는 폭설이 내렸었단다. 그 눈들이 밤사이에 다 얼어 버린 것은 당근이지~. 서울시에서는 염화칼슘을 온 도로에 뿌렸단다. 정말 무지하게 뿌렸지. 워낙 눈이 많이 왔었걸랑~.

쌤이 당시 도로에 나가 직접 관찰해 보니 눈이 내린 지 며칠이 지났는데도 도로 위가 계속 하얗더구나. 자세히 보니 눈이 아니라 제설제로 뿌려진 염화칼슘이 도로에 남아서 마치 눈처럼 하얗게 된 것을 알 수 있었단다!

폭설이 내린 며칠 후, 도로가에 아직도 눈이?

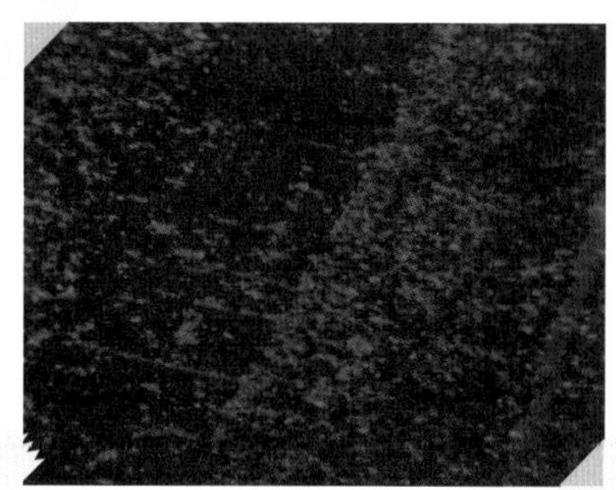

가까이에서 관찰했더니 눈이 아니라
제설제로 사용한 염화칼슘들!!

아아, 항상 지나치면 모자람만 못하단다. 울 애제자들도 너무 오버했다가 후회한 적이 있지? 없다고? 이상하군. 흐이~. 쌤은 가끔, 아주 가끔 있는데. ㅎㅎ 이 경우에도 너무 오버해서 염화칼슘을 뿌리는 바람에 심각한 문제가 발생했단다!! 제설제의 주성분인 염화칼슘은 녹는점을 낮추어서 빙판을 녹이는 이점 때문에 눈이 얼어붙은 곳에 뿌리잖니. 하지만 눈을 녹이고도 남은 염화칼슘은 앞 글에서 설명했다시피 물 먹는 하마의 주성분이잖아. 그러니 공기 중의 수증기까지 마구 흡수해 버린단 말이야.

도로에 남은 염화칼슘이 수증기를 마구 흡수했어!! 뜨아~

도로에 남아 있던 염화칼슘이 수증기를 마구 흡수하고 밤에 기온이 많이 떨어졌을 때 얼어 버려서, 빙판을 녹이려고 뿌린 염화칼슘이 오히려 빙판을 만들어 교통사고를 유발했단다. 이 때문에 평소보다 교통사고가 상당히 많이 급증했지. 보통 때 시내에서 일어나는 단순한 접촉사고 정도가 아니라 정말 큰 사고가 발생했었어. 아주 얇은 빙판이 만들어져서 보이지도 않고, 마찰력은 무지 줄었으니 당연한 결과이지!!

도로에 남아 있는 염화칼슘을 제거하려면 물로 씻어내야 하는데, 워낙 추운 겨울이라 물로 씻어내면 그 물이 얼어서 빙판을 만들고, 그러면 다시 또 염화칼슘을 뿌려야 하고…. 하아~ 딜레마였단다.

물론 워낙 폭설이었던 데다 우선 당장은 그 눈들을 녹이는 게 급선무였으니까 어쩔 수 없었다는 건 이해하지만, 그래도 처음부터 눈의 양을 잘 측정해서 적정량의 염화칼슘을 뿌려 주는 지혜가 정말 필요했단다!

당시 올림픽 대로에서 차가 미끄러져 큰 충돌 사고가 났는데, 이 사고로 사망한 사람의 어머니는 서울시가 염화칼슘을 제거하지 않아 사고가 났다며 서울시를 상대로 손해배상 청구 소송을 내기도 했단다. 과잉으로 뿌린 염화칼슘이 오히려 빙판을 만들었기 때문이지.

염화칼슘은 제설제이기도 하지만 물 먹는 하마의 주성분이기도 하다는 과학적 사실을 간과했기 때문에 이런 문제가 발생한 것이란다. 아~ 지나치게 많이 뿌린 염화칼슘 때문에 안타까운 생명이 사라져 버린 거지. 사고를 당한 사람은 겨우 스물아홉 살이었다고 하던데. 에구~ 에구~ 어떡해. 쌤도 아들이 있어서 그 어머니의 심정이 어떠했을지 알 수 있단다. 아~ 정말 안됐더구나.

'삼투 현상' 덕에 나무들이 물을 흡수하며 살아간단다~

게다가 또 하나의 문제가 발생했지. 사람뿐 아니라 나무들까지도 죽어 버린 거야. 많은 양의 염화칼슘을 뿌리다 보니 도로 옆 가로수에까지 뿌려져 버린 거야. 그 바람에 오랜 세월을 버텨온 덕수궁 돌담길의 유서 깊은 큰 나무들이 말라 죽고 말았단다.

염화칼슘을 뿌렸는데 나무들이 왜 말라 죽느냐고?

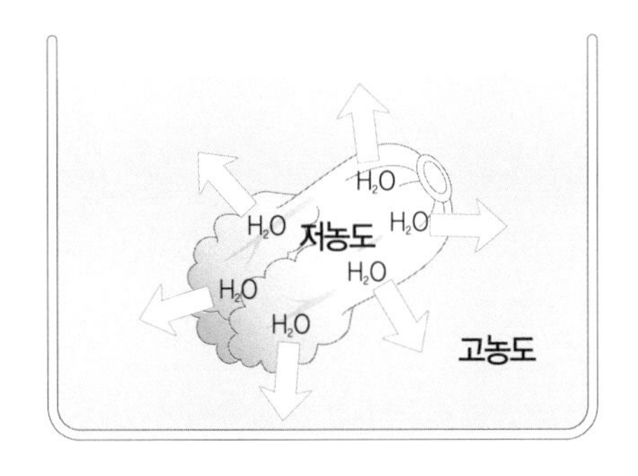

생생살아 있는 팔팔한 배추와는 달리 김치 속에서는 배추가 풀이 푹 죽어 있잖니.
배추를 절이는 소금물 쪽이 농도가 더 높으니까 배추 세포 속의 물이 삼투 현상에 의해 빠져나갔기 때문이란다~.

울 애제자들은 '삼투 현상'이란 말을 아는지? 어머니가 김장하실 때 배추를 소금물에 절이잖아. 소금물이 배추의 농도보다 더 높기 때문에, 물이 농도가 높은 소금물 쪽으로 이동하면서 펄펄 살아 있던 배추가 풀이 팍 죽어 버리는 거란다.

이 '삼투 현상'이란 바로 '반투과성 막을 경계로 농도가 낮은 곳에서 높은 곳으로 물이 이동'하는 현상을 말한단다. 물이 심술궂어서 남이 농도 높은 꼴을 못 보기 때문에 농도가 높은 쪽으로 이동한다고 기억하면 되겠다! ㅋㅋ^^

헛! 반투과성 막(줄임말은 '반투막')이 뭐냐고? 그것도 설명해 주마! 쌤은 항상 친절하잖니. ㅎㅎ

셀로판지나 달걀 껍질 안쪽의 흰 막 같은 생체막이 바로 반투막이란다. 돼지 방광막도 좋아, 좋아~ 예전에 지금처럼 좋은 축구공이 없었을 땐 돼지 방광막에 물을 담아서 축구를 했다더구나.

문구점에 가 셀로판지를 사서 물에 한번 적셔 보길! 꼭 해보아라! 과학은 백문(百聞)이 불여일견(不如一見)이란 말이 딱 맞아떨어지는 과목이지. 한번 보면 절대 안 잊어버린단다.

비닐이랑 비슷하게 생겼지만 비닐은 물에 젖지 않는 반면 셀로판지는 물에 젖는단다. 셀로판지에는 아주 미세한 구멍들이 있어서 녹말 입자처럼 입자가 큰 것은 통과시키지 못하지만 물 분자처럼 입자가 작은 것들은 통과시킬 수 있지. 식물의 뿌리가 물을 흡수할 땐 이 '삼투 현상'의 원리로 물을 흡수하거든. 식물이건 동물이건 생물은 모두 세포로 구성되어 있고, 세포는 또 모두 세포막으로 둘러싸여 있는데 이 세포막들이 바로 반투과성 막이란다.

뿌리 안쪽이 바깥쪽 토양보다 더 농도가 높기 때문에 농도가 높은 안쪽으로 물이 쏙쏙 흡수되지. 바로 이러한 삼투 현상 덕에 식물들이 물을 흡수해서 살아 나갈 수 있는 거란다!

울 애제자들은 물이 높은 곳에서 낮은 곳으로 떨어진다는 것은 잘 알고 있지? 그런데 삼투 현상이란 물이 농도가 낮은 곳에서 높은 곳으로 이동하니까 헷갈려 할 수도 있을 것 같구나. 그럼 지금부터 집중해서 읽어다옹~.

우리가 관찰할 수 있는 현상 중 많은 것들이 평형의 원리를 따르지. 예를 들어, 공부하느라 무지 뜨거워진 울 애제자의 이마를 쌤이 찬 손으로 만졌어. 열은 온도가 높은 곳에서 낮은 곳으로 이동하는데, 온도가 같아질 때까지 이동하잖니? 마찬가지로 물이 높은 곳에서 낮은 곳으로 떨어질 때도 물의 높이가 같아질 때까지 이동한단다.

삼투 현상에서 물이 농도가 낮은 곳에서 높은 곳으로 이동하는 것도 바로 물의 농도가 같아지기 위해서란다. 결국은 '평형의 원리' 지. 쌤이 사진으로 보여 주는 삼투 현상 실험 장치의 바깥쪽 통에는 물을 담고, 셀로판지로 싸 놓은 안쪽 유리관 속에는 진한 설탕물을 담았다고 가정해 보자. 설탕이 밖으로 나와도 농도는 같아질 수 있지만, 설탕같이 큰 분자는 반투과성 막이 통과를 안 시키걸랑. 결국 물이 이동할 수밖에 없지. 그래서 바깥쪽의 물이 고농도인 안쪽의 설탕물 쪽으로 이동해서 설탕물의 농도를 낮추고자 하는 거란다. 다시 말해 농도가 같아지고자 하는 거지.

안쪽의 유리관을 자세히 촬영한 모습. 셀로판지로 싸 놓은 것 보이지? 셀로판지 대신 달걀 껍질 안쪽의 하얀 막이나 돼지 방광막을 사용해도 좋아.

쌤의 삼투 현상 실험 장치

바깥쪽 통에 물을, 그리고 안쪽의 유리관 속에 고농도의 설탕물을 넣으면 유리관 안으로 물이 들어가면서 물의 높이가 높아지는 것을 쉽게 관찰할 수 있단다.

나무들이 자라는 곳에 염화칼슘을 뿌리면 안 돼 ㅠ.ㅠ

제설제로 뿌리는 염화칼슘을 도로에만 뿌리고 가로수가 자라는 보도블록의 토양에는 뿌리면 안 되는데, 워낙 폭설이라 도로와 보도의 구분이 잘 안 되었던 것 같아. 진짜 눈이 심하게 오버해서 왔었걸랑. 그러다 보니 가로수 주변에도 마구 뿌려진 염화칼슘 때문에 오히려 토양의 농도가 더 높아져서 나무 속의 물이 토양 쪽으로 빠져나오게 되었단다. 나무들이 물을 흡수해야 살 수 있는데 오히려 물이 빠져나가니, 그러니 나무가 말라 죽을 수밖에. 나무들이 말은 못 하고 얼마나 힘들었을까? 에구. 고사된 가로수들은 그냥 뽑아낼 수밖에 없었다카더라~.

염화칼슘을 과잉으로 뿌리는 바람에 사람도 죽고, 나무도 죽고…. 오버해서 뿌려진 염화칼슘, 정말 나쁘다, 나빠!! 아아, 지나침은 부족함만 못하다는 말이 정말 절실하구나!

도로를 관리하시는 공무원 분들, 그리고 또 추운 날씨에 눈길에 제설제를 뿌리느라 고생하시는 분들이 잘못했다고 비난하는 의미에서 이 글을 쓴 것은 절대

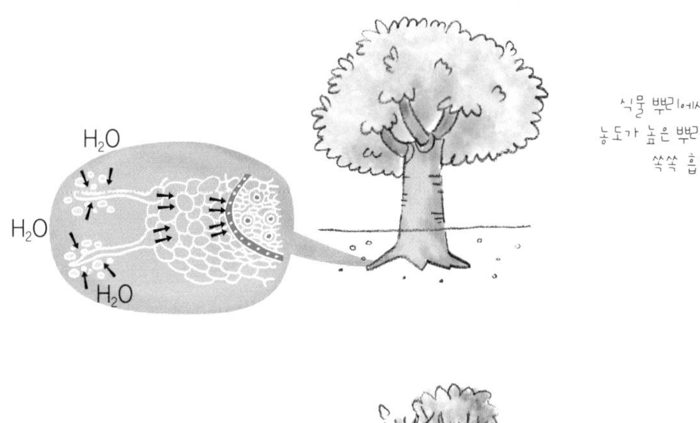

식물 뿌리에서 물을 흡수.
농도가 높은 뿌리 안쪽으로 물이
쑥쑥 흡수된다!

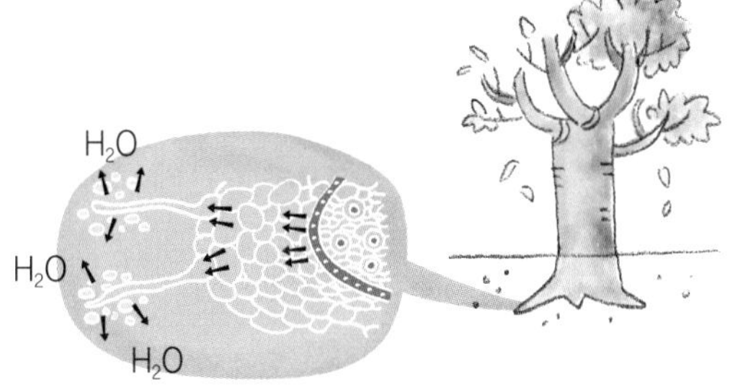

그러나 토양 쪽이 농도가 더 높으면
오히려 식물체 내의 물이 밖으로 빠져나와
나무는 말라 죽고 만다. ㅠ.ㅠ

로 절대로 아니란다. 얼마나 수고하시는지 잘 알고 있고, 게다가 제설제에 의해 교통사고가 빈발하고 나무가 고사되는 일이 발생했던 그 겨울의 폭설은 예년과는 달리 정말 심각했었단다. 그러기에 폭설로 인한 피해를 줄이기 위해 제설제를 많이 사용할 수밖에 없었다는 것도 잘 알고 있고 또 이해한단다. 하지만 조금만, 아주 조금만 더 과학적인 상식을 가지고 앞으로 더 조심하자는 의미에서 이 글을 쓴 것이란다.

이렇게 염화칼슘을 도로에다 뿌릴 때도 염화칼슘의 화학적인 특성을 알고 뿌려야 한단다. 어떤 직업을 가지고 있든지 간에 전 국민이 과학적 소양을 갖는 것은 정말 중요해!! 우리 모두가 일정 수준 이상의 과학적 소양을 가질 때 진정한 '과학 대한민국, Science Korea!!' 가 될 수 있어!!

선생님이 과학 교육 전문가로서 울 애제자들에게 과학을 가르치는 목적 중 하나는 우리나라의 미래를 책임질 뛰어난 과학자를 양성하기 위해서란다. 하지만 울 제자들 중에는 앞으로 전혀 과학과 상관없는 직업을 가지는 사람이 더 많을 거야. 바로 그런 제자들도 현대 과학기술 사회를 살아가는 데 필요한 과학적 소양을 가진 사람이 될 수 있도록 하는 것이 쌤이 과학을 가르치는 제일 큰 목적이란다.

이렇게 교과서에서 튀어나온 생생한 과학 공부를 하다 보면 과학적 소양을 가지게 되는 건 물론이고, 과학 성적은 보너스로 그냥 팍팍 올라간단다. 쌤이 늘 강조하는 STS(Science, Technology, Society) 교육이 저절로 되는 거지.

삼투 현상에 대한 설명 중 식물 뿌리가 물을 흡수하는 원리는 중2 과학의 'Ⅳ. 식물과 에너지' 란 단원에서 배우는 내용으로 시험에 항상 나오는 중요한 것이란다. 고딩이 되어서도 고1 통합과학, 고3 생명과학 Ⅱ에서까지 공부하게 되는 정말 정말 중요한 ☆★☆ 별 세 개짜리란다!

이번 장에서는 지나치면 오히려 모자람만 못하다는 격언의 의미도 다시 한 번 생각하게 되는구나. 그래서 쌤은 항상 오버하지 않고 우아하게 강의한단다. 아니, 그런데 어디선가 "최은정 쌤은 오버쟁이!"라는 환청이 들리는 거지? 흠아~ 쌤은 늘 우~아하게 강의하는데 요즘은 강의를 듣는 애제자들이 심지어 쌤이 개그를 한다고까지 수강 후기를 올리더군(*.*). 게다가 쌤이 존경하는 EBS의 문성종 PD님께서는 쌤의 강의가 쇼 프로나 개그 프로에 어울린다며 더 차분해져야 한다고 하시니. 참 이상해, 이상해(-_-;).

그럼 울 애제자들~ 아자! 과학 천재 되자!(⌒-⌒)/

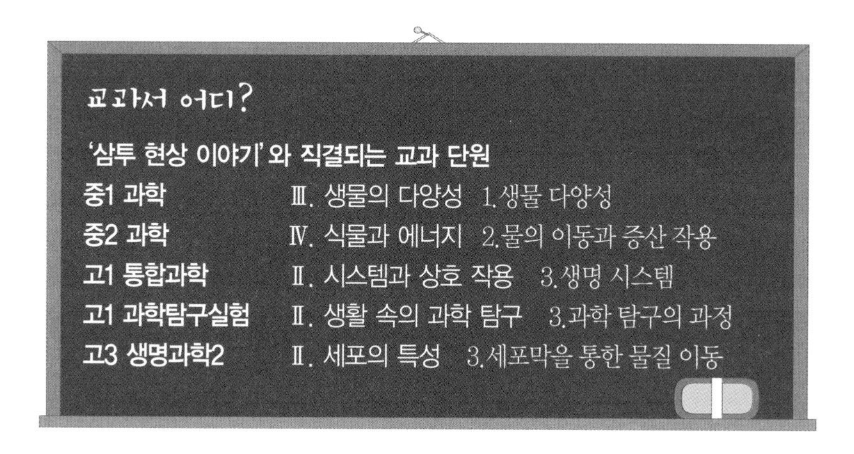
교과서 어디?

'삼투 현상 이야기'와 직결되는 교과 단원

중1 과학	Ⅲ. 생물의 다양성 1.생물 다양성
중2 과학	Ⅳ. 식물과 에너지 2.물의 이동과 증산 작용
고1 통합과학	Ⅱ. 시스템과 상호 작용 3.생명 시스템
고1 과학탐구실험	Ⅱ. 생활 속의 과학 탐구 3.과학 탐구의 과정
고3 생명과학2	Ⅱ. 세포의 특성 3.세포막을 통한 물질 이동

학습 포인트
'삼투 현상' 이란?

● **삼투 현상**

'반투과성 막' 을 경계로 농도가 낮은 곳 —물→ 농도가 높은 곳

★ 식물 뿌리의 안쪽 농도가 바깥쪽 도양보다 더 높아서 물이 쏙쏙 흡수된단다!!

● **반투과성 막**

입자의 크기에 따라 물질을 선택적으로 투과시키는 막.

예) 셀로판지, 달걀 껍질 안쪽의 흰 막, 돼지 방광막.

'삼투 현상 이야기' 와 관련된 서술형 평가의 예

1 삼투 현상이 무엇인지 정의하고, 식물의 뿌리가 물을 흡수하는 원리에 대해 서술하여라.

2 삼투 현상이 더 활발하게 일어날 수 있는 조건들을 나열하여라.

3 반투과성 막은 어떤 특성을 가지고 있는지 서술하고, 반투과성 막에는 어떤 것들이 있는지 예를 들어 보아라.

____

____

____

____

____

'삼투 현상 이야기'와 관련된 서술형 평가의 예 + 예시 답안

문제와 답을 한눈에 알아볼 수 있도록 문제를 한 번 더 써 놓았단다!

1 삼투 현상이 무엇인지 정의하고, 식물의 뿌리가 물을 흡수하는 원리에 대해 서술하여라.

예시 답안 삼투 현상은 '반투과성 막'을 경계로 '농도가 낮은 곳에서 높은 곳으로 물이 이동'하는 현상을 말한다. 식물의 세포막 또한 반투과성 막이고 뿌리 안쪽이 바깥쪽 토양보다 더 농도가 높기 때문에, 삼투 현상에 의해 농도가 높은 안쪽으로 물이 흡수된다.

2 삼투 현상이 더 활발하게 일어날 수 있는 조건들을 나열하여라.

예시 답안 삼투 현상은 물 분자가 저농도에서 고농도로 이동하기 때문에 일어난다. 분자 운동은 온도가 높아지면 더 활발하므로 온도가 높을수록 삼투 현상도 더 활발해진다. 또한 두 용액의 농도 차가 크면 클수록 삼투 현상이 더욱 활발하게 일어나게 되는데, 이는 높은 폭포에서 물이 더 세게 흐르는 것과 마찬가지다. 만약 농도가 비슷한 용액이라면 삼투 현상은 거의 일어나지 않게 된다. 이렇게 삼투 현상이 매우 활발한 것을 '삼투압이 크다'라고 표현하기도 한다.

3 반투과성 막은 어떤 특성을 가지고 있는지 서술하고, 반투과성 막에는 어떤 것들이 있는지 예를 들어 보아라.

예시 답안 반투과성 막은 입자의 크기에 따라 물질을 선택적으로 투과시키는 막을 뜻하는데, 설탕이나 녹말처럼 큰 분자는 통과시키지 못하지만 물과 같은 작은 분자는 통과시킬 수 있다. 그래서 반투과성 막을 경계로 삼투 현상이 일어나는 것을 관찰할 수 있다. 셀로판지, 돼지 방광막, 달걀 껍질 안쪽의 흰 막, 세포막 등이 반투과성 막에 해당한다.

'삼투 현상 이야기'를 울 애제자 나름대로 간략하게 정리해 보기

요약정리하며 자신의 느낌과 생각을 꼭 추가할 것!! 서술형 평가와 과학 논·구술 대비가 절로 된단다.

11

허걱!! 세상이 온통 과학이네

수정체는 우리 눈 속의 딴딴 투명 젤리

'눈' 해부 실험으로 '눈'의 구조 확실히 알아보기

사랑하는 울 애제자들~ 모두 잘 알고 있겠지만 눈은 우리 몸에서 가장 중요한 부분 중의 하나잖아. 물론 눈이 보이지 않아도 생명에 지장은 없지만 우리가 살아가는 데 있어서 눈이 보이지 않는다면 얼마나 많은 불편을 겪어야 하는지는 말 안 해도 다 알겠지.

언젠가 방영된 한 TV 프로그램에서 각막 이식으로 빛을 되찾은 사람들이 얼마나 기뻐하던지, 그 감동의 순간을 지켜보면서 눈이 얼마나 중요한가를 쌤은 다시 한 번 깨닫게 되더라. 더구나 현대의 과학기술 사회를 살아가면서 '눈'의 중요성은 날이 갈수록 더해지고 있잖니. 눈으로 보아야 할 것들이 너무나 많은 세상이걸랑. TV와 영화를 통해 최첨단의 컴퓨터 그래픽을 동원해 만든 환상적이고 화려한 멀티미디어 영상들을 즐기고, 인터넷에 접속해서 많은 정보들을 받아들이는 것도 모두 우리의 '눈'이 건강하고 제 역할을 할 때 가능한 거지. 무엇보다도 울 애제자들이 쌤의 재미있는 과학 이야기가 담긴 이 책을 볼 수 있는 것도 바로 건강한 '눈'을 가졌기 때문이 아니겠니. 혹시 요즘 기분이 꿀꿀했던 애제자가 있다면 우선 자기 눈에 아무 이상이 없다는 것만으로도 기뻐했으면 좋겠구나. 자, 이제 기분 UP! ↖(^_^↖)

앗!! 소 눈에 꼬리가 달렸네! Oh, No!! No!! 시신경이란다

자, 그럼 눈의 구조에 대해 확실히 공부하기 위해 소 눈의 해부를 시작해 볼까? 왜 소 눈이냐고? 크잖아~.^^ 해부하기 전에 소 눈의 앞모습을 보면 일단 얇은 각막이 있는 것을 관찰할 수 있단다. 가끔 눈에 속눈썹이나 티가 들어가면 눈을 비비게 되는데, 그때 우리가 만지는 부분이 바로 눈의 가장 바깥쪽 막인 각막이란다.

이제 소 눈의 뒤쪽을 보자! 사진에서 쌤이 손으로 잡고 있는 거 보이니? 앗!! 소 눈에 꼬리가 달렸네? 사실 이것은 꼬리가 아니고 시신경이란다. 롱~하게 뻗은 이 시신경이 대뇌와 연결되어 있어서 망막에 맺힌 상을 대뇌에 전달해 주기 때문에 우리가 볼 수 있는 거란다. 사실 눈이 건강해도 대뇌가 잘못되면 볼 수가 없거든(헛! 이제 대뇌가 건강하다는 것에도 감사!).

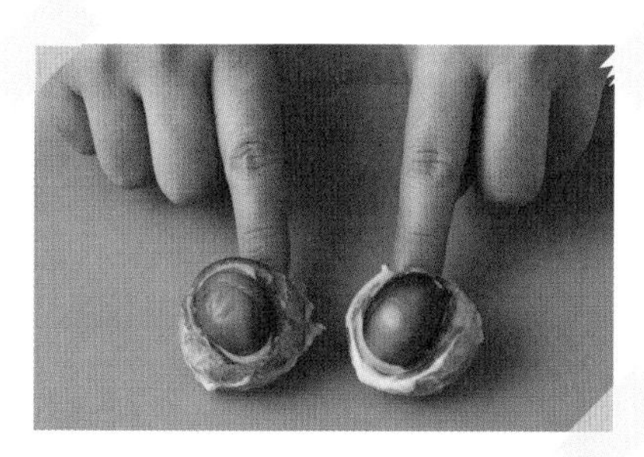

해부 전의 소 눈. 앞쪽의 막이 바로 소 눈의 각막이란다.

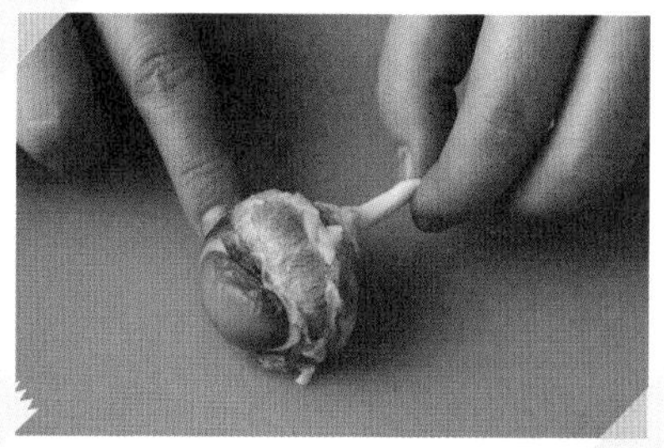

소 눈으로부터 연결된 시신경. 마치 꼬리가 달린 것 같지? 이 시신경이 대뇌까지 연결되어 있단다.

사진 속 소 눈의 시신경이 잘 보이도록 하느라 쌤이 무지 힘들었단다. 소 눈 옆의 단단한 근육들을 제거하느라 얼마나 고생을 했는지. ㅠ.ㅠ

자, 한번 따라 해봐~. 눈알을 '오른쪽으로 한 번 ♩♪♬ 왼쪽으로 한 번 ♪♬ 위로 ♪♬ 아래로 ♪' 굴리기 시작! 해보았니? 눈알을 자유자재로 이리저리 굴릴 수 있는 것은 바로 눈 주위의 탄탄한 근육이 도와주기 때문이란다.

방금 울 애제자들이 한 눈알 굴리기(일명 '눈알 체조')는 눈이 많이 피로할 때 눈을 감고 실시하면 눈의 피로가 훨씬 줄어든단다. 옛날과는 달리 요즘은 많은 시간 동안 컴퓨터 모니터를 보게 되니까 눈이 쉽게 피로해지거든. 그럴 때 눈알 굴리기 체조를 강추한다!

본격적으로 해부를 시작해 보자! 소 눈을 해부용 가위로 자르기 시작하면 검은색 물이 퍽 터져 나오기도 한단다. 우리 눈은 '맥락막'이라는 일종의 어둠상자 역할을 하는 막으로 싸여 있는데, 그 막이 잘리면서 검은색의 멜라닌 색소가 섞인 액체가 쏟아져 나온 거야. 그러고 나면 소 눈 안의 투명한 부분이 톡 튀어나오게 되는데, 가운데에 볼록 투명한 것이 바로 바로 '수정체'!! 중요한 우리 눈에서 특별히 더 중요한 부분이지!

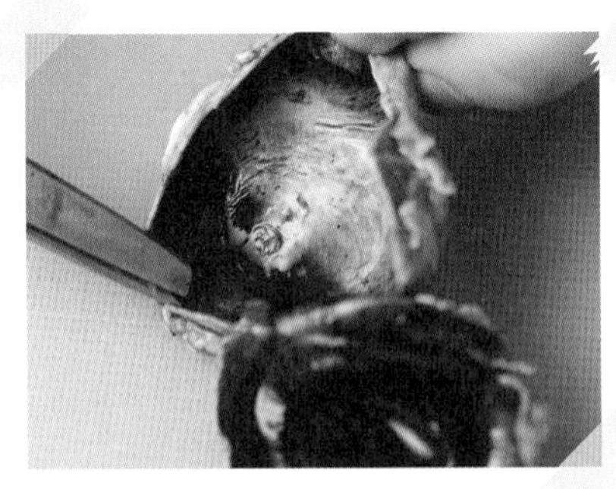

해부 시작! 쏟아져 나온 검은 액체. 눈을 암실처럼 만들어 주는 맥락막이 터지면서 나온 거란다.

소 눈의 수정체(가운데 볼록한 부분). 으흐~.

소 눈이 워낙 크다 보니 소 눈의 수정체도 만만치 않게 크단다.

수정체는 우리 눈 속의 딴딴 투명 젤리

우리 눈에서 카메라의 렌즈 역할을 하는 게 바로 수정체란다.

이 볼록렌즈 모양의 딴딴 투명 젤리 같은 수정체는 탄력성이 있어서 수정체 옆에 붙어 있는 진대와 섬모체근에 의해 '쫀득!!' 하고 줄어들었다가 '찍~' 하고 늘어났다가 한단다.

수정체가 '쫀득' 하고 줄어들었을 때(수정체가 뚱뚱해져!) 우리는 가까운 곳을 잘 볼 수 있게 되고, 반대로 '찍' 하고 늘어났을 때(이때는 수정체가 쌤처럼 날씬해진단다. 으흐흐~) 먼 곳을 잘 볼 수 있게 되지.

이렇게 탄력성이 짱이기에 쌤이 수정체를 딴딴 투명 젤리라고 표현한 거란다.

핫! 이렇게 사진으로 보니 울 애제자가 직접 소 눈을 해부해서 수정체를 꺼내 보고 싶다구? 소 눈은 집 주변의 정육점이나 마트에서 쉽게 구할 수 있는 것이 아니란다. 도살장 주변이나 축산 전문 시장으로 가야 하걸랑. 에, 그러니까 좀 작긴 하지만 주변에서 쉽게 구해서 눈 해부 실험을 할 만한 것이 있는지 한번 살펴보도록 하자!!

집에서 '눈' 해부 실험을! 키친 사이언스~~

울 애제자들은 생선 요리를 좋아하는지? 쌤은 생선을 무지 무지 좋아한단당~. 광어 회도 좋아하고, 갈치 조림도 좋아하고, 대구 매운탕도 좋아하지만, 특히 생선 초밥을 무지 좋아하지. 으흐~ 침 질질~. 쌤의 고향이 마산, 바닷가 도시걸랑. "내 고향 남쪽 바다~ 그 푸른 물~ 눈에 보이네~ ♩♪♬." 바로 마산 앞바다를 보고 작곡한 노래란다(혹시 마산에 사는 애제자들이 이 글을 읽고 있다면 한 번 더 인사를. "하이!" 마산여고 알지? 일명 마녀고!(-_-;) 쌤이 바로 마녀고 출신이란다^^).

엥? 쌤이 왜 갑자기 생선 요리 얘기를 하냐고? 생선은 우리가 부엌에서 구할 수 있는 가장 쉬운 눈 해부 재료이기 때문이지.

일단 어머니께 고등어 구이나 오징어 찌개를 먹고 싶다고 말씀을 드리려무나. 생선은 종류를 가리지 않고 모두 가능하단다. 되도록이면 큰 생선이 눈도 크니까 실험하기에는 더 좋지. 또 오징어는 무척추동물이라 척추동물인 어류에 비하면 많이 하등하지만 눈은 대단히 발달된 동물이거든. 그러니 오징어 눈도 OK!

단, 어머니가 요리 재료를 손질하실 때 눈알을 빼서 달라고 부탁드릴 것! 반드시 익히기 전에 빼 놓아야 한다고 다짐을 받아 두어야 한단다.

왜냐? 어머니들은 항상 바쁘신 데다 '아줌마 치매' 라는 불치병에 걸린 어머니들이 많으시기 때문이지. 쌤도 머리에 가득 찬 중딩 · 고딩 과학 내용은 물론이고 대학과 대학원에서 강의하는 많은 과학 교육 관련 지식은 절대로 잊어버리지 않지만, 집에서 요리할 때는 냉장고 문을 열고 무엇 때문에 열었는지를 고민하다 냉장고 문을 닫고 나서야 아하! 하고 생각나는 아줌마 치매에 시달릴 때가 가끔 있걸랑. 정도의 차이는 있어도 대한민국 아줌마들은 대부분 공통적으로 앓고 있는 질환이란다. 중증일 경우에는 가족들이 좀 고생을 하지. 아줌마 치매보다 더 무서운 건 청소년 치매이므로 울 애제자들은 조심하길! 아무튼 다짐을 확실하게 받아 두지 않으면 부탁드렸음에도 불구하고 모든 요리 과정을 다 끝낸 뒤에 익어버린 생선 눈을 주실 수도 있단다. 흐흐!

해부 전의 생선 눈. 엄마에게 이런 상태로 생선 눈을 빼서 달라고 하면 된단다.

와우~ 정말 세상에서 젤루 예쁘고 투명한 유리 구슬 같은 수정체. 생선 눈 속에 숨어 있었네!

물론 수정체가 익힌다고 없어지는 것은 아니기 때문에 좀 불투명하면서 똥그란 수정체를 볼 수 있기는 하단다. 하지만 잘 분리되지 않을뿐더러 탱글탱글하고 딴딴 투명 젤리 같은 생생한 상태의 수정체는 관찰할 수 없단다.

도저히 마음이 놓이지 않는다면 어머니께서 요리를 하실 때 아예 옆에서 눈을 부릅뜨고 지켜보는 것이 좋을 듯(⊙.⊙). 일단 생선 눈을 건네받았으면 일반 문구점에서 파는 커터 칼로도 해부 실험이 가능하지. 쌤이 가지고 있는 멋진 해부용 칼은 없어도 된단다. 커터 칼로 생선 눈을 잘라 보면 속에 들어 있던 수정체가 톡 튀어나온단다. 무척 예쁘고 투명한 딴딴 젤리, 울 애제자들이 직접 보면 그냥 반해 버릴 거야~.

생선 눈 해부 실험으로 꺼낸 수정체를 말려서 보관해도 좋아. 언제든지 다시 꺼내 볼 수 있으니까. 투명하게 반짝거리는 것이 마치 예쁜 구슬 같단다.

눈에 대한 공부도 이렇게 집에서, 부엌에서 생생하게 할 수 있단다. 이것이 바로 쌤이 늘 강조하는 STS(Science, Technology, Society) 교육이란다. 생활 속의 과학이 실현되는 순간이지. 살아가면서 자연스럽게 과학 공부를 하면 교과서에서 배우는 과학이 결코 어렵지 않단다. 교과서에서 튀어나온 생생한 과학을 경험할 수 있으니까. 직접 경험한 건 기억도 오래~ 오래~ 할 수 있단다.

초등 6학년 과학에서 '우리 몸의 구조와 기능' 중 감각기관에 대한 공부에서도 중요하게 다루고, 중3과학의 'Ⅳ. 자극과 반응' 단원에서 다시 반복되면서 시험에 꼭 나오는 내용이란다. 또한 고2 생명과학Ⅰ에서는 이렇게 눈으로 받아들인 자극을 어떻게 대뇌로 전달하는지에 대해 자세하게 배우게 된단다.

사실 우리나라의 과학 교육 과정은 나선형 구조라 현재 중학생인 울 애제자들이 학교에서 배우는 것들은 이미 초등학교 과학에서 다 배운 것들이란다. 마찬가지로 중학교에서 배운 내용이 고등학교 과학에서도 그대로 반복된단다.

이 책을 읽으면서 울 애제자들이 자연스럽게 과학 공부를 하는 것처럼, 단지 시험을 위해 암기했다가 잊어버리는 허무한 과학 공부가 아니라 장기적으로 확실하게 기억할 수 있는 과학 공부가 되도록 하기 위해 쌤은 실험 준비에 많은 시간을 할애하고 있단다(여기에 소개된 소 눈 해부 실험의 재료를 구하기 위해서도 쌤은 방방 뛰어다녔단다. ㅠ.ㅠ).

우리의 소중한 눈, 더욱 소중히 하자!!

눈에 대한 공부를 마무리하면서 사랑하는 울 애제자들에게 부탁하고 싶은 말이 있단다. 우리의 눈은 정말 소중하니까 눈을 잘 보호해야 해. 그러려면 적당한 밝기의 조명에서 공부하는 것이 대단히 중요하단다. 컴컴한 이불 속에서 부모님 몰래 손전등을 켜고 만화를 보거나 하면 눈이 정말 많이 나빠지걸랑(경험담은 아님! 핫, 그런데 왜 찔리지? ㅋㅋ).

쌤은 얼마 전 인터넷 신문에서 이 사진을 보고 깜짝 놀랐단다. 사진 속 여자는 네덜란드 사람인데 여자의 눈을 잘 보면 하트 모양이 보이지? '보석 눈' 이라고 불리는 눈 액세서리를 한 것이라는구나. 백금으로 만든 것을 각막에 살짝 박은 거라는데, 아무리 예쁘게 보이고 싶어도 우리의 소중한 눈에 직접 액세서리를 박는 행동은 절대로 네버!! 해서는 안 된단다. 예쁘게 보이기 위해 정상적인 기능을 포기하는 것은 나중에 정말 큰 후회를 남길 수 있단다. 울 애제자들은 꼭 명심하길!

각막에 박은 눈 액세서리. 위험해!!

에, 또 최근에 많이 하고 있는 라식 수술이 근시를 교정하는 수술인 것은 잘 알고 있지?

진대와 섬모체근에 의해 '찍' 하고 수정체가 늘어나면서 먼 곳을 잘 볼 수 있어야 하는데, 수정체가 두껍거나 하는 등의 이유로 초점이 망막 앞에 맺혀 먼 곳이 잘 안 보이는 게 근시걸랑. 정상적인 눈은 초점이 딱 망막에 맺힌단다.

그래서 빛을 퍼뜨려 주는 렌즈인 오목렌즈로 근시를 교정한단다. 그런데 안경 없이 근시를 교정하기 위해서 우리 눈의 각막 일부를 레이저로 깎아 내는 수술이 바로 라식 수술이란다.

극히 드문 일이지만 일부의 안과에서 라식 수술을 해선 안 되는 각막이 얇은

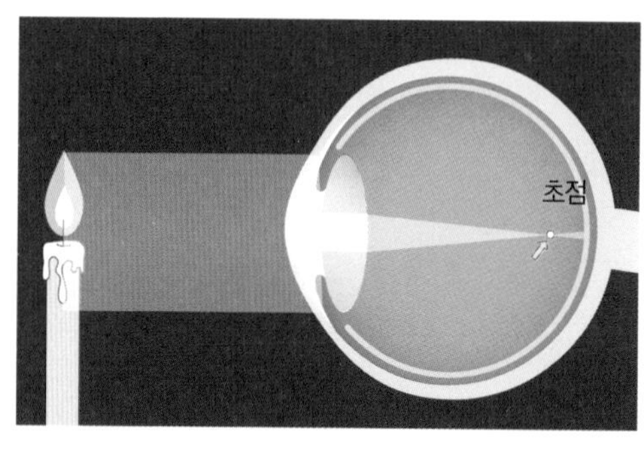

먼 곳이 잘 안 보이는 근시.
망막 앞에 있다.

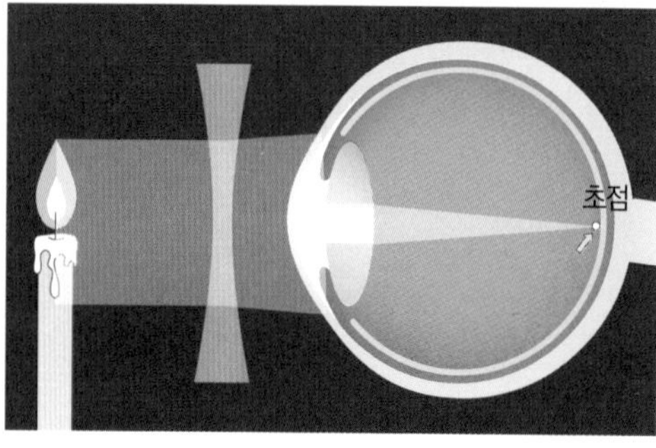

빛을 퍼뜨려 주는 렌즈인
오목렌즈로 근시를 교정한단다.

환자들에게까지 수술을 시행하여 부작용을 겪는 경우가 있다고 들었단다. 울애제자들은 아직 성장하고 있는 중이니, 10대에 라식 수술을 하는 건 당연히 안 되고, 뿐만 아니라 나중에 어른이 되어서도 수술 여부를 제대로 상담 받고 나서 아주 심사숙고하여 결정해야 한단다.

왜? 우리의 눈은 소중하니까~~. ┌(◉.◉)┘

이 글을 읽고 나서 생선 눈 또는 오징어 눈으로 해부 실험을 꼭 해보길! 집에서 할 수 있는 '키친 사이언스!' 라는 거 아니겠니. 꼭 해봐야 해!

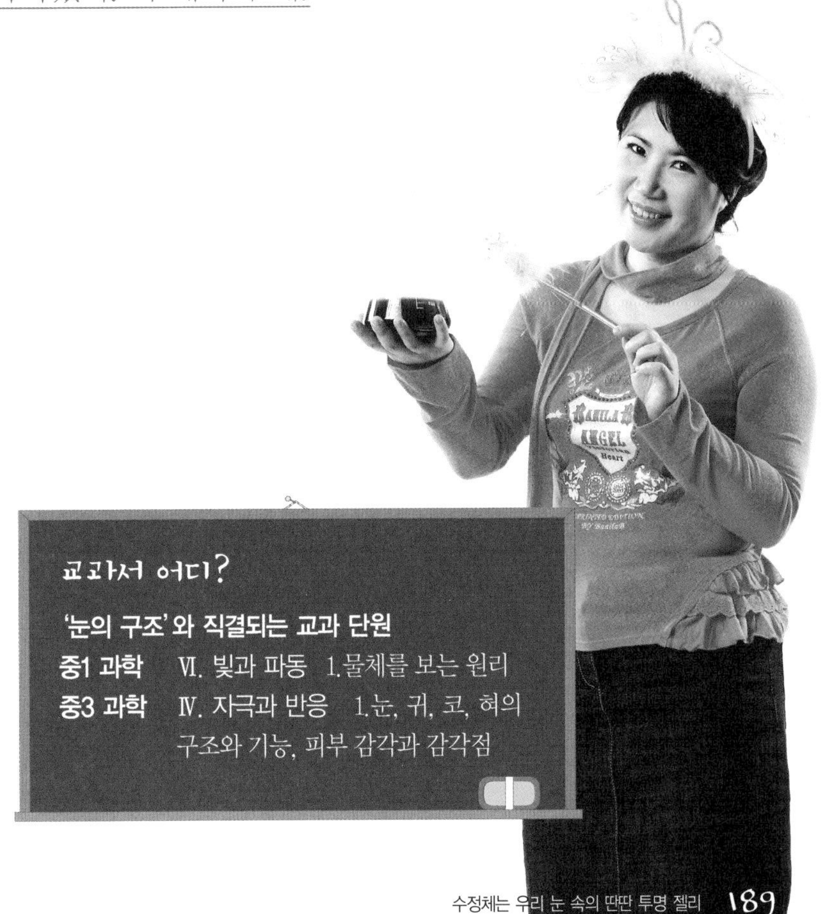

교과서 어디?

'눈의 구조' 와 직결되는 교과 단원

중1 과학 Ⅵ. 빛과 파동 1.물체를 보는 원리

중3 과학 Ⅳ. 자극과 반응 1.눈, 귀, 코, 혀의 구조와 기능, 피부 감각과 감각점

학습 포인트

우리 눈의 구조

● 시각의 성립 경로

- 빛 → 각막 → 수정체 → 망막(시세포) → 시신경 → 대뇌
  (렌즈) (필름)

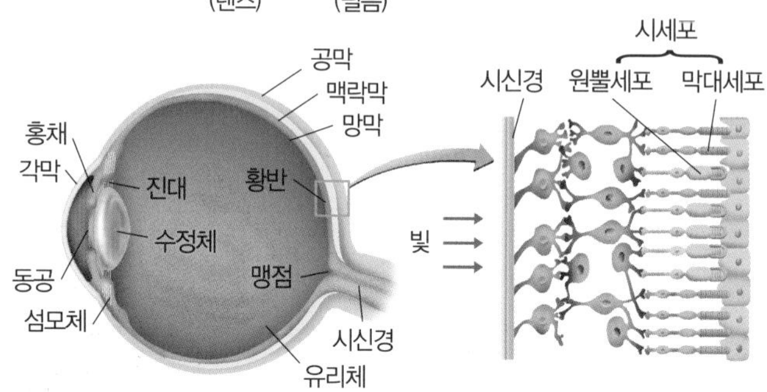

① 각막 : 안구 앞쪽에 있는 투명한 막. ② 홍채 : 동공의 크기를 조절하여 빛의 양을 조절. ③ 섬모체와 진대 : 수정체의 두께를 조절, 즉 원근 조절. ④ 수정체 : 탄력성이 있는 볼록렌즈로 상이 망막에 맺히도록 한다. ⑤ 공막 : 안구의 가장 바깥쪽을 싸서 보호하는 흰색의 막. ⑥ 맥락막 : 멜라닌 색소를 함유하여 암실 역할을 한다. ⑦ 망막 : 안구 가장 안쪽에 있는 막. 빛의 자극을 받아들이는 시세포가 분포. *시세포 : 막대세포 – 명암 구별(잘못되면 야맹증) / 원뿔세포 – 색 구별(잘못되면 색맹) *황반 : 시세포가 밀집, 선명한 상이 맺히는 곳. *맹점 : 시신경이 모여 지나가는 곳. 시세포가 없어 상이 맺혀도 보이지 않음.

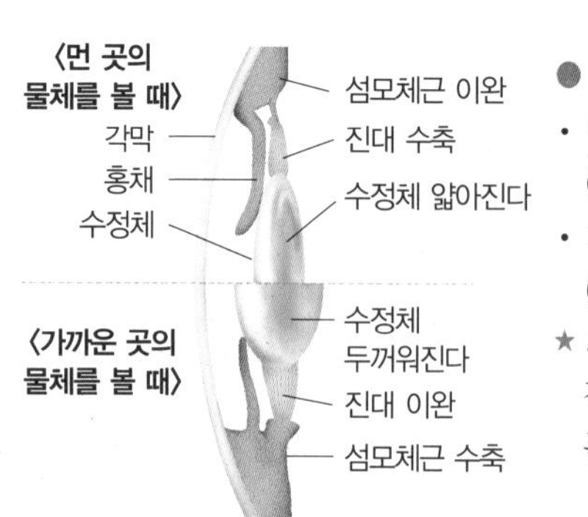

● 원근 조절

- 먼 곳을 볼 때 – 수정체가 얇아짐
  (먼 곳을 잘 못 보면 근시 : 오목렌즈로 교정)
- 가까운 곳을 볼 때 – 수정체가 두꺼워짐
  (가까운 곳을 잘 못 보면 원시 : 볼록렌즈로 교정)

★ 그럼 난시란?
각막이 매끄럽지 못해서 상이 여러 겹으로 보이는 것.

'우리 눈의 구조' 와 관련된 서술형 평가의 예

1 먼 곳을 볼 때 우리 눈에서 일어나는 변화를 서술하고, 먼 곳이 잘 보이지 않는 사람의 시력 교정은 어떻게 할 수 있는지 서술하여라

____

____

____

2 각막, 홍채, 섬모체와 진대, 수정체, 망막, 맥락막에 대해 각각의 특징과 기능을 서술하여라.

____

____

____

____

____

2 **각막, 홍채, 섬모체와 진대, 수정체, 망막, 맥락막에 대해 각각의 특징과 기능을 서술하여라.**

예시 답안 ① **각막** : 안구 앞쪽에 있는 투명한 막으로 눈을 보호한다.

② **홍채** : 동공의 크기를 조절하여 눈으로 들어오는 빛의 양을 조절한다.

③ **섬모체와 진대** : 수정체의 두께를 조절하여 먼 곳과 가까운 곳의 물체를 볼 수 있게 한다.

④ **수정체** : 탄력성이 있는 볼록렌즈로 상이 망막에 맺히도록 한다.

⑤ **망막** : 물체의 상이 맺히는 곳으로 빛의 자극을 받아들이는 시세포가 분포하고 있다.

⑥ **맥락막** : 멜라닌 색소를 함유하여 어둠상자 역할을 한다.

['우리 눈의 구조'에 대한 이야기를 울 애제자 나름대로 간략하게 정리해 보기]

요약정리하며 자신의 느낌과 생각을 꼭 추가할 것!! 서술형 평가와 과학 논·구술 대비가 절로 된단다.

12 | 허겁! 세상이 온통 과학이네

초원이 심장이 방실방실 뛰어요

최은정 쌤의 인생 영화 말아톤과 함께하는 순환, 호흡, 유전 이야기

에, 울 애제자들은 조승우 오빠 (김건모 오빠부터 박보검 오빠까지 쌤한텐 모두 오빠다!! ☆ (*__ _-) 흠흠..) 주연의 "말아톤"을 보았니??
물론 개봉한지 한참 되어 못 본 애제자가 더 많을 것 같구나~ 하지만 네티즌 평점 9.2의 무진장 좋은 평점을 받은 데다 정말 행복이 무엇인지 진정 알게끔 한 영화라는 리뷰가 많았던 영화였단다.
지금도 다운로드 받아서 영화를 볼 수 있으니 인생에 대한 공부와 생명과학 공부를 겸한다고 생각하고 영화를 먼저 보고나서, 이 부분의 내용을 읽어도 좋을 것 같구나. 왜냐? 지금부터 할 얘기 속에는 이 영화 내용에 대한 스포일러가 잔뜩 포함되어 있거든.
지금부터 쌤의 인생 영화 말아톤의 명대사들을 과학적으로 다시 해부해 보마!! 그럼 시작!!

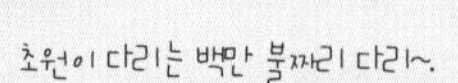
초원이 다리는 백만 불짜리 다리~

"초원이 다리는? 백만 불짜리 다리~ 몸매는? 끝내 줘요"

영화 〈말아톤〉이 개봉하고 나서 한동안 유행하던 이 대사, 모두 기억하니? 쌤은 지금도 가끔 이 대사가 생각날 때마다 영화 속 초원이의 독특한 억양의 목소리가 딱 떠오르면서 절로 미소가 지어진단다. 당시 영화를 보지 않은 사람은 "몸매가 끝내 주다니, 도대체 무슨 소리야?" 했고, 그 순간 왕따가 되었잖아. ^^

실제 주인공 배형진 군과 어머니.

쌤도 이 영화가 관객 수 500만 명이 넘었다는 보도를 접하고는 박사 논문 쓰랴, 대학과 대학원에서 강의하랴, 강의 촬영하랴, 그 바쁜 와중에도 오로지 왕따가 되지 않기 위해 〈말아톤〉을 보러 영화관에 갔었단다.

〈말아톤〉을 다 보고 난 느낌은? 아~~ 정말 감동이었단다!!! 마라톤 풀코스를 완주해 낸 자폐증 청년 배형진 군과 그 어머니의 실화를 모티브로 한 영화여서 또 감동 두 배!!

쌤도 아들을 하나 키우고 있잖니. 같이 자식을 키우는 입장이다 보니 자폐증을 앓는 자식을 둔 초원이 엄마에게 마구 감정이입이 되면서 영화 속 상황들이 더더욱 가슴에~ 가슴에~ 와 닿았단다. 그리하여 영화의 말미에서는 우아하게 손수건으로 눈물 콕콕 찍으면서 보는 게 아니라, 그냥 추하게 잉잉 ㅠ.ㅠ 울면서, 코 팡팡 풀어 가면서 봤잖니. 더군다나 쌤의 가까운 친구의 아들이 자폐증이라 영화 보는 내내 친구 생각에 마음이 더욱 아팠단다. 그래도 나름대로 해

피엔딩이라 참 다행이더구나.

자폐증은 알려진 대로 다른 사람과 상호 작용하지 않고 대화도 잘 하지 않으며, 특정 대상에만 관심을 가지고 반복적인 행동을 하는 게 특징이란다. 영화 속의 초원이는 20세 청년이지만 지능은 5세 수준이고, 마라톤을 시작하기 전에는 피가 날 정도로 팔을 물어뜯으면서 자해했다고 하잖니. 그리고 얼룩말에 집착하고.

중증 자폐증을 앓는 또 다른 어린이는 책을 계속 접었다 폈다 반복하면서 으아~~ 으아~~ 하고 소리만 지르거나, 하루 종일 신발장 앞에 앉아서 신발만 빠는 경우도 있다고 들었단다.

얼룩말을 너무 좋아하는 초원이.

자폐아는 우리나라에 약 4만 명 정도가 있다고 하는구나. 1,000명당 1명 정도라고 영화 첫 장면에 나오는데, 이 영화를 보기 전에는 자폐아가 그렇게 많은 줄은 몰랐잖니. 영화를 본 울 애제자들은 자폐증의 원인이 뭘까 궁금하지는 않았니? 흠, (;-_-)+찌릿! 안 궁금했다고? 그러면 지금부터 궁금해 하길.

예전에는 자폐증의 원인이 부모의 심한 학대 등으로 인해 정신적인 충격을 많이 받았기 때문이라고 여겼단다.

일본에서 고등 교육을 받았으나 육아 때문에 직업을 가지지 못하고 자기 뜻을 펼치지 못하면서 사는 엄마 중에 정신적인 문제가 있는 사람들이 자신의 발목을 잡는 게 아이라 생각하고, 남들 앞에서는 아이에게 잘하다가도 둘만 있게 되면 아이를 바늘로 콕콕 찌르면서 고문을 하는데, 그렇게 남모를 학대를 받은 아이 중에 자폐증에 걸리는 경우가 있다는 보도를 접한 적이 있단다.

하지만 자폐증의 원인이 전적으로 부모의 학대 때문이라고 볼 수는 없단다. 정말 좋은 환경과 절대 아이를 학대할 리 없는 훌륭한 부모를 가진 아이들 중에도 자폐아가 있거든. 자폐증 아이가 있는 쌤의 친구네도 부부 모두 좋은 집안에서 자라고, 인간성 짱에다 아이를 정말 정말 사랑하기에 아이가 태어난 후에 심한 정신적 충격을 받을 만한 환경은 아니었단다. 자폐증이 태어나서 후천적인 이유에 의해서만 발병하는 것은 아니라는 얘기지.

자폐증의 유전적인 면은 자폐증에 걸린 아이의 가계도를 조사함으로써 밝혀졌단다. 울 애제자들이 중3 때 생명과학 파트의 V. 생식과 유전' 단원에서 자세히 배우게 되는데, 사람의 유전에 대한 연구는 유전학자가 마음대로 인위 교배를 할 수 없기 때문에 주로 가계도 조사를 통해 연구하게 된단다. 사랑하지도 않는데 유전학자가 시킨다고 해서 그냥 결혼할 수는 없지 않겠니.

하지만 초파리는 유전학자가 같은 배양병 속에 넣어 주면 상대가 맘에 안 든다는 불평 같은 건 절대로 안 하고 교배해서 알을 잘 깐단다. 그 알에서 구더기가 생기고, 며칠 더 지나면 참깨같이 생긴 번데기가 되었다가 드디어 새끼 초파리가 뽕! 하고 나타나지. 흐흐. 색맹의 유전 같은 것도 사람을 대상으로 실험할 수는 없으니까 빨간색 눈을 가진 정상 초파리와 흰색 눈을 가진 돌연변이 초파리로 실험을 한단다. 그러나 초파리처럼 인위 교배할 수 없는 사람의 경우에는 가계도 연구를 한단다.

초파리를 키우는 병. 유전학자가 암수 초파리를 넣어 주면 결혼해서 알 낳고 잘 산단다.

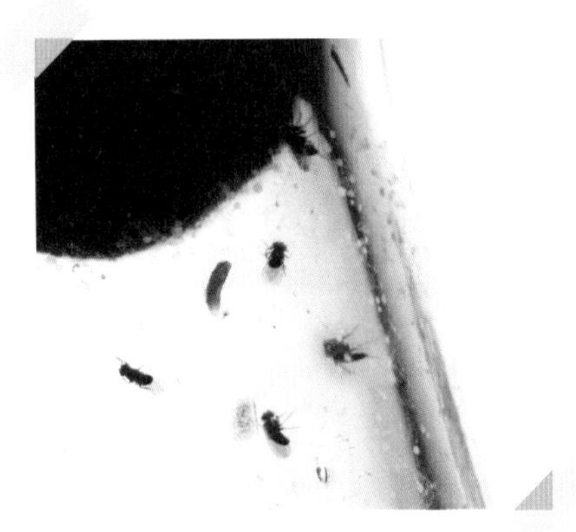

초파리의 유충과 번데기. 유충은 옥수수로 만든 배지를 파먹으며 꼬물꼬물 기어 다니다가 참깨 같은 번데기가 된단다. 무지 귀여워.^^

자폐아의 형제가 자폐아일 확률은 3~8%로 1,000명당 1~2명꼴인 평균 값보다 훨씬 높고, 일란성 쌍둥이의 경우 그 확률이 60%에 달한다는 연구 결과가 나왔단다. 분명히 유전의 영향을 받기는 하지만 그렇다고 완전히 유전적인 이유만으로 자폐증에 걸린다고 볼 수는 없다는 얘기란다. 만약 자폐증이 오직 유전에 의해 발생하는 병이라면 유전자가 완전히 동일한 일란성 쌍둥이는 한 아이가 자폐증 환자일 경우 다른 한 아이도 무조건 100% 자폐증이라야 하는데, 그렇지는 않다는 거지!

자폐증 어린이의 진단과 치료 과정을 다룬 TV 프로그램에서 혈액 속에 암모니아가 돌아다니는지 여부에 대한 검사를 하는 것을 본 적이 있단다. 우리 피 속에 암모니아가 돌아다니면 절대로 안 되거든. 암모니아는 간에서 요소로 바꿔주면 신장을 통해서 몸 밖으로 배출되어야 하걸랑(중1의 생물 중 '배설'에 관한 단원에서 시험에 나오는 아주 중요한 내용이란다). 그런데 그 암모니아가 요소로 바뀌어 배출되지 않고 몸속을 돌아다니다가 혹시 뇌에 영향을 주는 건 아닐까, 검사를 해본 것이지. 이렇게 우리 몸에서 일어나는 물질대사의 이상이 자폐증의 원인이 될 수도 있다는 거야~.

에, 그럼 도대체 자폐증의 원인이 뭐냐고? 유전이냐 환경이냐, 그것이 문제로다!! 흠흠. 많은 유전학자와 의사들이 자폐증에 대한 연구를 거듭하고 있는데, 최근에 많은 자폐증 환자가 임신 초기에 뇌 조직이 형성될 때 이상이 생겼을 수 있다는 연구 결과가 발표되었단다.

결론적으로 자폐증의 원인은 아직까지 정확하게 규명되지 않았으며, 유전과 환경의 영향을 모두 받는 것으로 추측하고 있단다.

자, 이제 초원이가 앓고 있는 자폐증이 어떤 병인지는 잘 알게 되었지? 그러면 이제 초원이의 명대사에 숨어 있는 과학의 원리를 한번 찾아볼까?

세계 대회에서 1등을 한 전력이 있는 전직 유명 마라토너가 음주 운전으로 사회봉사 명령을 받고 초원이의 학교로 오게 되고 초원이의 코치를 맡게 되었지. 초원이와 코치가 함께 오래 달리기를 한 후 둘 다 바닥에 드러누워서 미친 듯이 숨을 몰아쉬는 장면이 나온단다. 그때 초원이가 가슴에 손을 올리고 하는 명대사가 있다.

"가슴이 뛰어요. 초원이 가슴이 콩닥콩닥 뛰어요"

초원이의 심장박동을 느끼는 코치.

여기에서 가슴이란 어느 장기를 가리키는 말일까? 우리 가슴에는 주요 장기인 폐와 심장이 있단다. 여러 가지 소화기관(간, 쓸개, 위, 이자, 소장, 대장)이 있는 배 부분과는 횡격막으로 나누어져 있단다. "폐가 콩닥콩닥 뛰어요~"라고는 하지 않으니까 당연히 심장이 뛴다는 말이지. 심장이 뛰는 소리를 초원이처럼 '콩닥콩닥'이나 '두근두근', 그리고 심하게 뛸 때는 '쿵쾅쿵쾅'이나 '펄떡펄떡'이라고 표현하잖니. 이렇게 심장이 뛰는 소리를 두 음절로 표현하는 과학적인 이유가 있단다.

자, 지금부터 쌤의 설명을 집중해서 잘 들어 주길!

심장은 사실 '방실방실' 뛴단다. 심장에는 '심방'과 '심실'이 2개씩 있는데(지금부터 심방과 심실을 좀 더 강조하기 위해 심방은 '방', 심실은 '실'이라고 부르마!), 위쪽의 '방'이 먼저 수축하면서 피를 '실'로 팍팍 보내고, 그다음에 '실'이 수축하면 동맥으로 피를 쭉쭉 내보낸단다. 이렇게 동맥으로 나온 피가 우리의 온몸으로 산소와 양분을 공급해 주어서 우리는 이 순간 살아 있는 거란다. 바로 지금 이 순간 울 애제자가 살아서 쌤의 책을 읽고 있는 거지. 하아~ 살아 있다는 사실에 감사!!^^

우리가 살아 있는 동안 계~속 박동하는 심장!! 이 심장 박동 소리는 바로 '심장에서 혈액의 역류를 방지하는 심장 판막이 닫히는 소리'란다.

'방'이 수축하면서 '실'로 피를 보낼 땐 방실 사이의 판막이 열리고 동맥과 연결된 쪽의 판막이 닫혀야 한단다. 반대로 '실'이 수축하면서 '동맥'으로 피를 보낼 땐 반대로 방실 사이의 판막이 닫히고 실과 동맥 사이의 판막이 열려야 하는데, 이때 판막들이 닫히는 둔탁한 소리를 초원이는 '콩닥콩닥'이

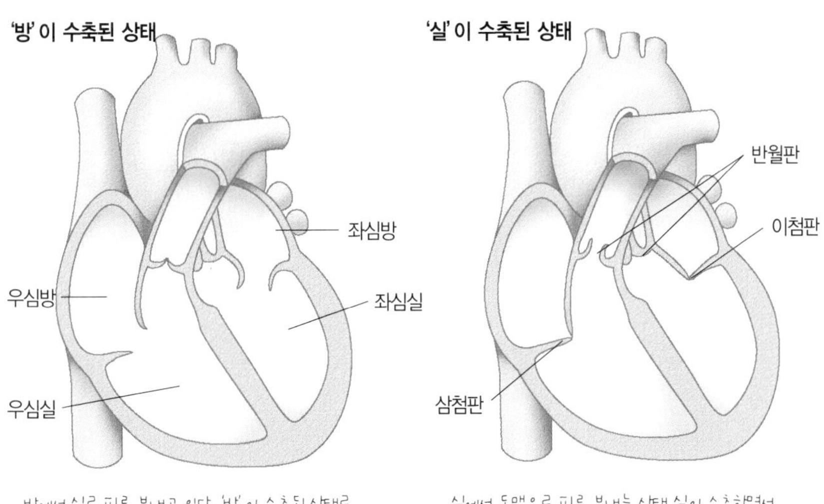

방에서 실로 피를 보내고 있다. '방'이 수축된 상태로, **방실 사이의 판막은 열리고** 실과 동맥 사이의 판막이 닫힌 상태.

실에서 동맥으로 피를 보내는 상태. 실이 수축하면서 **실과 동맥 사이의 판막은 열리고** 방실 사이의 판막이 닫힌 상태.

라고 표현한 거란다.

이렇게 심장의 구조에 대해 알게 되면, 좌심실에서 연결되어 온몸으로 피를 보내는 대동맥은 혈압이 제일 높을 수밖에 없다는 사실이 이해가 되지? '실'이 수축해서 혈액을 '동맥'으로 보낼 때 동맥이 '펑'하고 터지지 않고 견디려면 대단히 두껍고 탄력성이 있어야만 한단다.

순환계 질환이 다른 장기의 질환보다 특히 위험한 것은 이른바 급사를 하는 경우가 많아서인데, 심장 부근의 동맥이 경화되거나 하면 실에서 보낸 혈액의 압력을 견뎌내지 못하고 대동맥이 터져서, 아후~ 미처 손쓸 틈도 없이 돌아가시게 될 수도 있단다. ㅠ.ㅠ

자, 그럼 이제 초원이의 대사를 조금 더 과학적으로 바꿔 볼까?

"가슴이 뛰어요. 초원이 가슴이 콩닥콩닥 뛰어요"

→ "심장이 뛰어요. 초원이 심장이 방실방실 뛰어요"

울 애제자들! 앞으로는 심장이 '두근두근'이나 '콩닥콩닥' 뛴다고 하지 말아다오. 심장은 '방실방실' 뛴단다.

친구들과 심장 구조에 대한 공부를 하면서 재미있게 놀 수 있는 방법을 하나 가르쳐 주마. 이른바 '방실놀이'!! 손으로 작은 하트 모양을 만든 다음 귀엽고 애교 있는 조그만 목소리로 "방실방실" 말하다가 "심장아, 커져라~" 하고는 큰 소리로 "방실방실" 하면서 놀면 무지 재미있단다.

에, 이 방실놀이의 핵심은 심장이 뛰는 모양을 정확하게 묘사하는 것인데. 방부터 먼저 수축시키고 그다음에 실을 수축시키는 동작을 정확하게 표현하는 것이지. 쌤은 평소에 아들과 이 방실놀이를 하면서 논단다. 으흐흐~~.

놀면서 심장의 구조를 공부하는 에듀테인먼트적인 요소를 가진 방실놀이! 꼭 해보길 바란다. 이렇게 쌤과 함께 방실놀이를 하면서 자란 울 아들은 현재 과학 영재로 선발되어 강남교육청 영재교육원에 다니고 있단다. 전국청소년과학탐구대회에서는 '금상' 도 받았고. 흠흠, 뭐 자랑하는 건 아니고 그냥 사실을 말하는 거야. 으흐흐(￣▽￣oo).

손을 하트 모양으로 만들고 방실놀이를 해보자.
이건 '방' 이 수축되는 모양.

이제 '실' 이 수축되는 모양. 이때 좌심실은 좀 더 심하게 수축시키는 것이 뽀~인트!!

심장 사운드 '콩닥콩닥' 의 비밀을 완전히 파헤쳤으니, 이제 호~흡!! 이야기를 하자. 에, 그러면 울 제자들, 대답해 보아라. 우리는 추울 때 호~흡!!을 많이 할까? 더울 때 호~흡!!을 많이 할까? 뭐라고? 더울 때라고?

그럼 질문을 다시 하마. 호흡은 발열 반응일까? 흡열 반응일까? 에궁, 이번엔

호흡의 발열 반응을 식혀 주는 시원한 물줄기.

또 뭐라고? 발열, 흡열이 대체 뭐냐고?

그럼 일단 발열 · 흡열 반응부터 예를 들어 설명해 주마. 마그네슘을 염산에 넣으면 수소가 마구 마구 발생하는데, 그때 열이 대단히 많이 나걸랑. 시험관을 만져 보면 "앗! 뜨거~" 할 정도란다. 그런 반응을 바로 발열 반응이라고 한단다. 에, 또 흡열 반응 실험도 바로 가능한데, 울 애제자들~ 침을 팔에다 좀 발라 보렴. 시원하지? 침이 증발하면서 주변의 열을 흡수한 거란다. 이렇게 열이 펄펄 나고 뜨거워지는 반응을 발열 반응, 열을 흡수하면서 주변의 열을 빼앗아 가기 때문에 차가워지는 반응을 흡열 반응이라고 하는 거야.

울 애제자들, 꼭 알아 두길! 호흡은 발열 반응이란다. 그리고 우리는 호흡을 추울 때 더 많이 한단다.

체온을 유지하기 위해서 우리는 추울 때 발열 반응인 호흡을 더 많이 할 수밖에 없단다. 초원이가 마라톤을 할 때 호흡이 촉진되면서 그에 따른 발열 반응으로 몸이 무지 뜨거워졌겠지. 42.195km의 긴 마라톤 코스를 초원이가 가쁜 숨을 몰아쉬면서 달리다가 도달한 약 30km 지점에서 힘차게 쏟아지기 시작하는 시원한 빗줄기. 사실 그것은 스프링쿨러에서 소나기처럼 쏟아져 나온 물줄기였는데, 초원이는 그 비를 맞고 힘을 얻어 신나게 달리기 시작한단다.

"비가 와요~ 이런 날이 뛰기는 더 좋지!"

초원이의 대사를 쌤이 과학적으로 바꿔 보면,

→ "호흡이 촉진되어 발열 반응으로 더웠는데, 이 열을 비가 식혀 주니까 좋지!"

라고 할 수 있단다. 비를 맞게 되면 젖은 피부와 옷에서 물이 수증기로 증발하는 상태 변화를 하면서, 호흡에 의해 올라간 체열을 빼앗아서 달아나기 때문에 초원이가 시원해지는 거란다.

마지막으로 한 가지 더! 누구도 따라올 수 없는 상당한 내공으로 개성이 넘치는 방귀를 뀌는 쌤의 남편에게 꼭 해주고 싶은 말이 〈말아톤〉에 나온단다.

한번은 거의 온 가족을 실신 상태로 몰아넣을 수준의 8회 연속 방귀를 뀌고 나서 이렇게 말하더구나.

"내 거지만 독하네~."

쌤 남편의 잊을 수 없는 명대사였단다.

그런 남편에게 꼭 해주고 싶은 초원이의 명대사!

"방귀는 밖에서."

헛! 그렇다면 방귀의 그 살인적인 냄새의 원인은 뭘까? 방귀는 대장에 남아 있는 음식물 찌꺼기가 여러 세균에 의해 분해되면서 생긴단다. 우리 몸의 대장 속에 대장균들이 우글우글하다는 건 알고 있지? 대장에서 생기는 가스 중에서 가장 많은 것이 수소인데, 바로 이 수소를 소모하는 세균이 메테인가스를 만들어낸다고 하는구나.

이 메테인가스는 대변에 쉽게 포함되는데, 메테인가스를 많이 만드는 세균이

장에 많으면 대변의 밀도가 작아져서 물에 둥둥 뜨게 되기도 한다네~. 왜 아주 가끔씩 변기 물에 두둥실 떠 있는 대변을 보게 될 때도 있잖니. ^^ 흐흐.

에, 그리고 수소나 메테인가스는 세균에 의해 황과 결합하게 되는데, 이 황이 바로 독한 냄새를 일으키는 주요 원인이라서 황을 포함한 가스가 많을수록 방귀 냄새가 더 심하게 난단다.

쌤이 해본 수많은 실험 중에 가장 구린 실험이 바로 황화철에 염산을 가하여 황화수소를 발생시키는 것이었단다. 황화수소의 냄새는 교과서에 '달걀 썩는 냄새' 라고 표현되어 있는데, 흠아~ 그야말로 이 세상에서 가장 구린 방귀 냄새×100만 배라고 보면 된단다. 황이 포함된 기체들은 대체로 구린내를 풍기지! 달걀 같은 단백질의 주성분 중 하나가 '황' 이고, 그러다 보니 달걀이 썩을 때도 지독한 냄새가 나는 거란다.

혹시 방귀를 너무 자주 뀌어서 고민하는 제자가 있다면 아래의 글을 참조하길!

방귀를 많이 만드는 대표적인 음식물

바나나, 사과, 자두, 살구, 감귤, 고구마, 감자, 당근, 양파, 빵, 국수, 라면, 우유, 요구르트 등

흠아~ 쌤이 좋아하는 건 다 적혀 있구나. 종류도 무지 많다, 그지? 울 애제자들은 모두 성장기에 있기 때문에 이러한 음식들을 방귀 무서워서 안 먹고 살 수는 없잖니. 그냥 먹고 뀌면서 살아야지!! 다만 '방귀는 밖에서' 라는 기본적인 매너만 지키면서 살면 되지 않겠냐. (_-;) 으윽.

〈말아톤〉을 본 애제자들은 쌤의 글을 읽으면서 영화 속 장면과 대사가 확 살아났겠구나! 그러면서 확실한 STS 공부까지 하고 말이야. 아직도 〈말아톤〉을 보지 못한 애제자들은 쌤이 설명한 생물학적인 대사의 포인트를 생각하면서 이 영화를 꼭 보길! 쌤이 진정으로 강추하는 영화야!! 건강한 우리 자신에게 감사하고, 어떠한 어려운 상황도 극복해 나가는 인간의 의지에 대해 다시 한 번 생각하게 해주고, 또 우리의 어머니들에게 감사하게 되는 영화란다!!

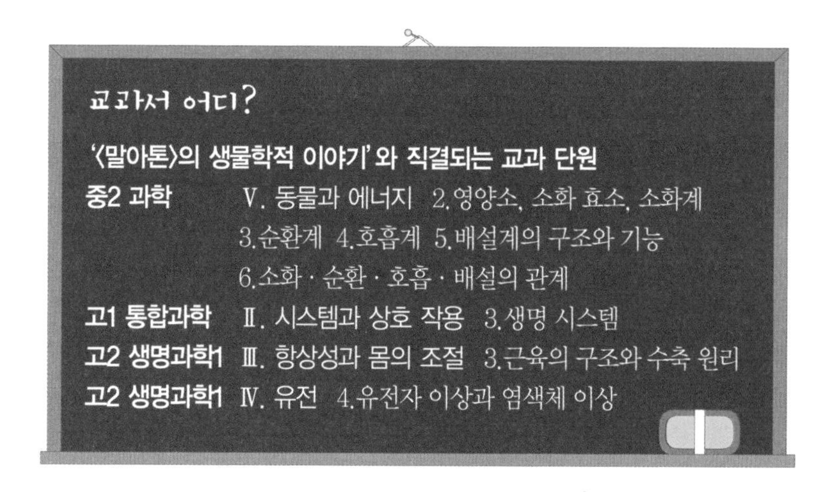

학습 포인트 '〈말아톤〉의 생물학적 이야기'에서
이것만은 꼭 알고 가자

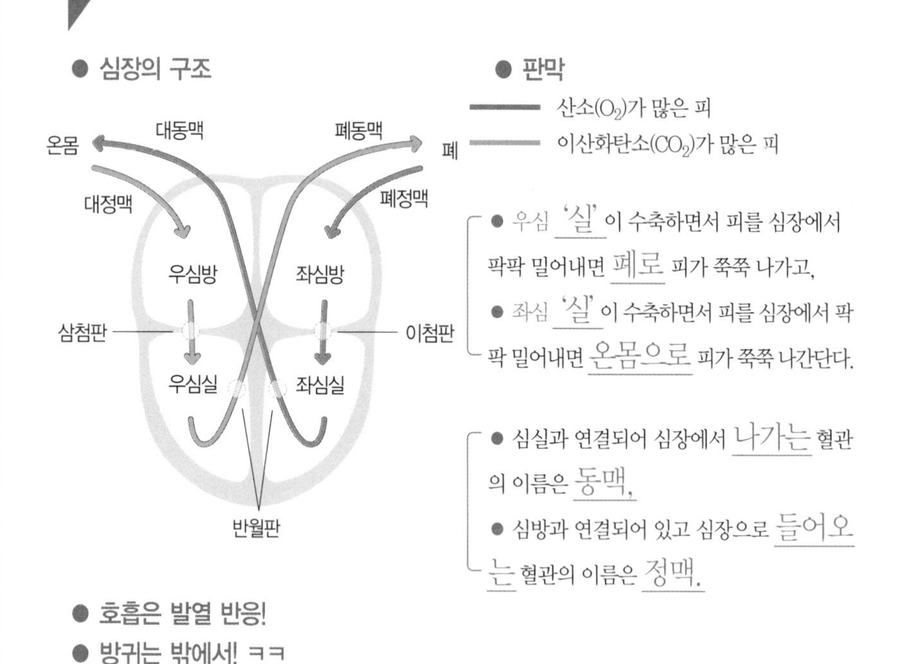

● 호흡은 발열 반응!
● 방귀는 밖에서! ㅋㅋ

'〈말아톤〉의 생물학적 이야기'와 관련된 서술형 평가의 예

1 심장의 우심실에서 나온 혈액이 어떤 혈관과 심장 구조물을 지나 좌심방에까지 도달하는지 서술하여라.

2 일란성 쌍생아와 이란성 쌍생아는 수정란이 생기는 과정부터 다르다. 각 쌍생아의 생성 과정과 차이점을 서술하여라.

____

____

____

____

____

새로운 개체로 발생하게 된다.

특히 일란성 쌍생아는 그동안 유전과 환경의 영향에 대한 연구 대상이 되어왔다. 유전적으로 완벽하게 동일한 '일란성 쌍생아에서의 형질의 차이는 바로 환경의 차이'이기 때문이다. 일란성 쌍생아의 경우 유전적으로 결정되는 성별, 혈액형 등은 반드시 동일하지만 환경에 의한 영향을 많이 받는 키, 몸무게, IQ 등은 다를 수 있다.

이란성 쌍생아는 마치 같은 부모에게서 태어난 형제자매와 같다. 연령의 차이 없이 동시에 태어났다는 것만 다를 뿐이다. 이란성 쌍생아는 성별, 혈액형 등 유전적인 특징도 다를 수 있다.

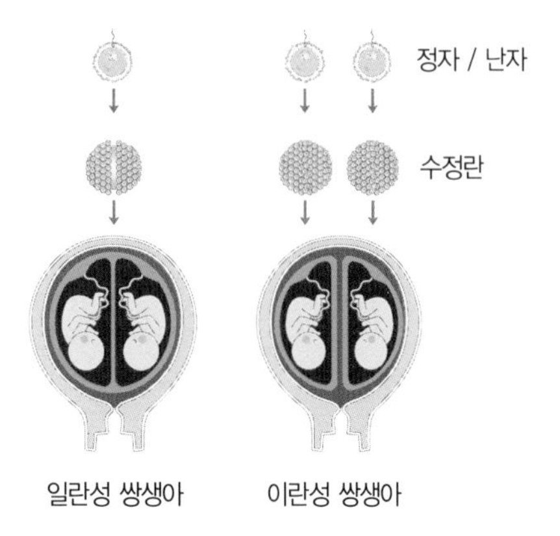

'〈말아톤〉의 생물학적 이야기'를 울 애제자 나름대로 간략하게 정리해 보기

요약정리하며 자신의 느낌과 생각을 꼭 추가할 것!! 서술형 평가와 과학 논·구술 대비가 절로 된단다.

13 해수욕장의 모래 속에도 과학이 보인다!

'만'에서 해수욕을 즐기며 광물과 암석 공부 확실하게 끝내기

흠아~ 울 따랑하는 애제자들, 방가와~. (*⌒――⌒*)

이번 이야기에서는 쌤이 바닷가에 가서

그냥 놀다 오기만 하는 게 아니라,

놀면서 생생한 과학 공부도 함께 할 수 있다는 사실을 알려 주마!!

울 애제자들~ 십 몇 년을 살아오는 동안 여름에 동해든 남해든 서해든

바닷가에 가서 발도 한 번 못 담가 본 사람은 설마 없겠지?

지각과 해양에 관련된 부분은 울 애제자들이 지구과학 파트를 공부할 때

기본적으로 배우게 되는 부분인데, 우리가 교과서에서 배운 그대로를

해수욕장에서 체험해 볼 수 있단다.

자, 그럼 해수욕장에서 놀면서 얼마나 생생한 과학 공부를

할 수 있는지 한번 보겠니? ^^

우리가 해수욕하며 노는 곳은 '만', 해수욕장 양쪽으로 툭 튀어나온 곳은 '곶'

해수욕장 한가운데에 앉아서 찬찬히 살펴보면, 모래가 잔뜩 깔린 해수욕장은 육지 쪽으로 쑥 들어가 있으면서 퇴적 작용이 더 강한 '만' 이고, 해수욕장 양쪽에 삐죽삐죽한 바위가 많은 곳은 침식 작용이 강한 '곶' 임을 알 수 있단다.

동해안과 서해안 해수욕장을 모두 가 본 애제자들은 두 바다의 차이를 확실하게 느낄 수 있었을 거야. 동해안에 비해 서해안은 조수간만의 차가 워낙 심해서 물이 빠지고 나면 드넓은 갯벌이 나타나잖니.

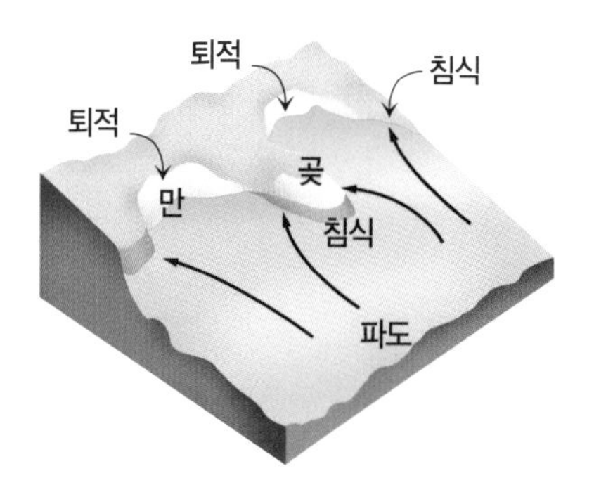

해안가의 모습 쑥 들어간 '만'과 툭 튀어나온 '곶'.

엥? 조수간만의 차가 뭐냐고? 만조일 때와 간조일 때의 높이 차이를 말하는데, 좀 더 자세히 설명하면 만조는 밀물, 즉 바닷물이

조수간만의 차가 크지 않은 동해안의 모습.

넓은 갯벌이 펼쳐지는 서해안의 모습.

밀려오다가 최고로 많이 들어왔을 때를 말하고 간조는 썰물, 즉 바닷물이 쫘~ 악 빠져나가다가 달아나 버렸을 때를 일컫는 말이란다.

오늘날의 인류로 진화하게 해준 밀물과 썰물, 그리고 밀물과 썰물을 일으키는 고마운 달!!

헛! 그런데 이 밀물과 썰물이 바로 달의 운동 때문에 나타난다는 건 알고 있니? 만약 이 밀물과 썰물이 없었다면 우리 인간은 지금 존재하지 않을 수도 있단다. 지구상의 생물은 수중에서 육상 생물로 진화해 왔잖니. 원래 바다에서만 살던 생물들이 달의 운동으로 발생한 썰물 때문에 어느 날 육지에 덩그러니 남게 되고, 육지에서 살기 위해 애쓰다 보니 육상 생물로 진화하게 된 거란다. 밀물과 썰물이 없었다면 지구상의 모든 생물은 아직도 수중에서만 살고 있을지도 모르지. 흠흠. 그러고 보니 달한테 고맙다고 해야 되겠구나. 인간으로 진화할 수 있게 도와주었으니 말이야~.

서해안에서 밀물일 땐 수영을 하면서 놀 만하단다. 또 동해안에 비해 서해안은 해안에서 꽤 멀리 나가도 깊이가 워낙 얕아서 물이 허리밖에 차지 않는 것을 볼 수 있지. 그러나 물이 마구 빠져나갈 때, 즉 썰물일 때는 아주 잠깐 사이에 물이 쑥쑥 빠져나가 버리기 때문에 자꾸 멀리 도망가는 물을 쫓아가면서 놀아야 한단다. 웬만큼 물이 빠진 경우에는 해안에서 바다를 향해 직선으로 100m 달리기를 해도 바닷물을 못 만날 만큼 드넓은 갯벌만이 남는단다.

물이 빠지고 난 갯벌에서는 고동이나 조개를 잡으면서 놀 수 있지! 아~ 그때 그 갯벌의 느낌!! 맨발이 닿는 진흙의 부드러움~!! 완죤~히 머드팩이란다.

반면 동해안은 조수간만의 차가 그다지 심하지 않아 밀물이든 썰물이든, 하루 종일 물에서 놀 수가 있단다. 우리나라의 서쪽에 사는 사람들이 교통 체증으로 고생고생하면서도 머나먼 동해안으로 여름휴가를 가는 데는 다 그만한 이유가 있지! 하지만 무조건 동해안이 다 좋은 건 아니고, 서해안도 서해안만의 특별한 매력이 있단다.

쌤이 직접 촬영한 동해안의 해수욕장은 강원도 속초 부근에 있는 '아야진 해수욕장' 이란 곳이고, 서해안의 해수욕장은 인천시 옹진군의 '장봉도' 라는 섬 안에 있는 해수욕장으로 인천 영종도 공항에서 배를 타고 30분 정도 들어가는 곳이란다.

쌤이 워낙 바쁘다 보니 한 해의 여름 동안 동해안과 서해안의 해수욕장을 모두 가 볼 수 있는 팔자는 못 되어 한 해에 한 군데씩 다녀왔단당~. 쌤이 가진 건 돈과 비모(?)뿐이고 가장 부족한 게 시간인지라 각각의 해수욕장에 겨우 3~4 시간밖에 머물지 못했지만, 그래도 봐야 될 건 모두 다 보았단다. 흠흠!! 과학을 알고, 과학의 눈으로 보면 해수욕장에서 관찰할 게 넘 넘 많걸랑!

자~그럼 이제 '만' 에 발달한 해수욕장의 모래를 한번 살펴볼까?

모두 다음의 사진을 보렴. 강원도 속초 부근에 있는 동해안의 아야진 해수욕장에서 찍은 쌤의 작고 귀여운(??? 으흐~) 발과 쌤 남편의 튼튼한 다리가 보이지? 쌤의 발은 모래로 뒤덮인 상태이고, 쌤 남편의 다리는 모래찜질을 하다 바닷물에 한번 들어갔다 나온 상태란다.

석영, 장석, 흑운모가 풍화되어 섞여 있는 동해안 아야진 해수욕장의 모래

쌤의 발에 묻은 모래를 자세히 보면 투명하게 반짝이는 것을 볼 수 있는데, 그게 바로 '석영' 이란다. 석영은 육각기둥인 결정 모양이 제일 큰 특징이며, 사람들은 '석영' 을 '수정' 이라고 부르기도 하지.

그다음으로 덜 투명하면서 누리끼리한 것은 장석이고, 까뭇까뭇하면서 좀 납작하다 싶은 것이 바로 흑운모란다.

이렇게 동해안 아야진 해수욕장의 모래에는 '석영', '장석', '흑운모' 가 들어 있음을 관찰할 수 있구나. 흠흠.

흐흐^^ 바닷물로 헹구어도 떨어지지 않고 다리에 딱 달라붙어 있는 건 판상으로 쪼개지는 김 조각 같은 흑운모

흑운모는 정말 김 조각처럼 판상으로 쪼개지는 데다 납작하기 때문에 모래찜질을 하다가 바닷물에 몸을 헹구고 돌아온 쌤 남편의 다리에 여전히 찰싹 달라붙어 있는 것을 볼 수 있단다.

옆 페이지의 사진에서 석영과 장석은 바닷물에 씻겨 떨어져 나가고 흑운모 조각만이 털 사이사이에 붙어 있는 거 잘 보이지?

흑운모가 결대로 쪼개지는 판상인 것은 사진에서도 잘 알 수 있지만 색깔만 다르고 같은 운모인 백운모를 보면 더 확실하게 알 수 있단다.

아야진 해수욕장의 모래에 '석영', '장석', '흑운모' 가 들어 있는 이유는 무엇일까? 우리나라에서 가장 흔한 암석 중 하나가 바로 '화강암' 이

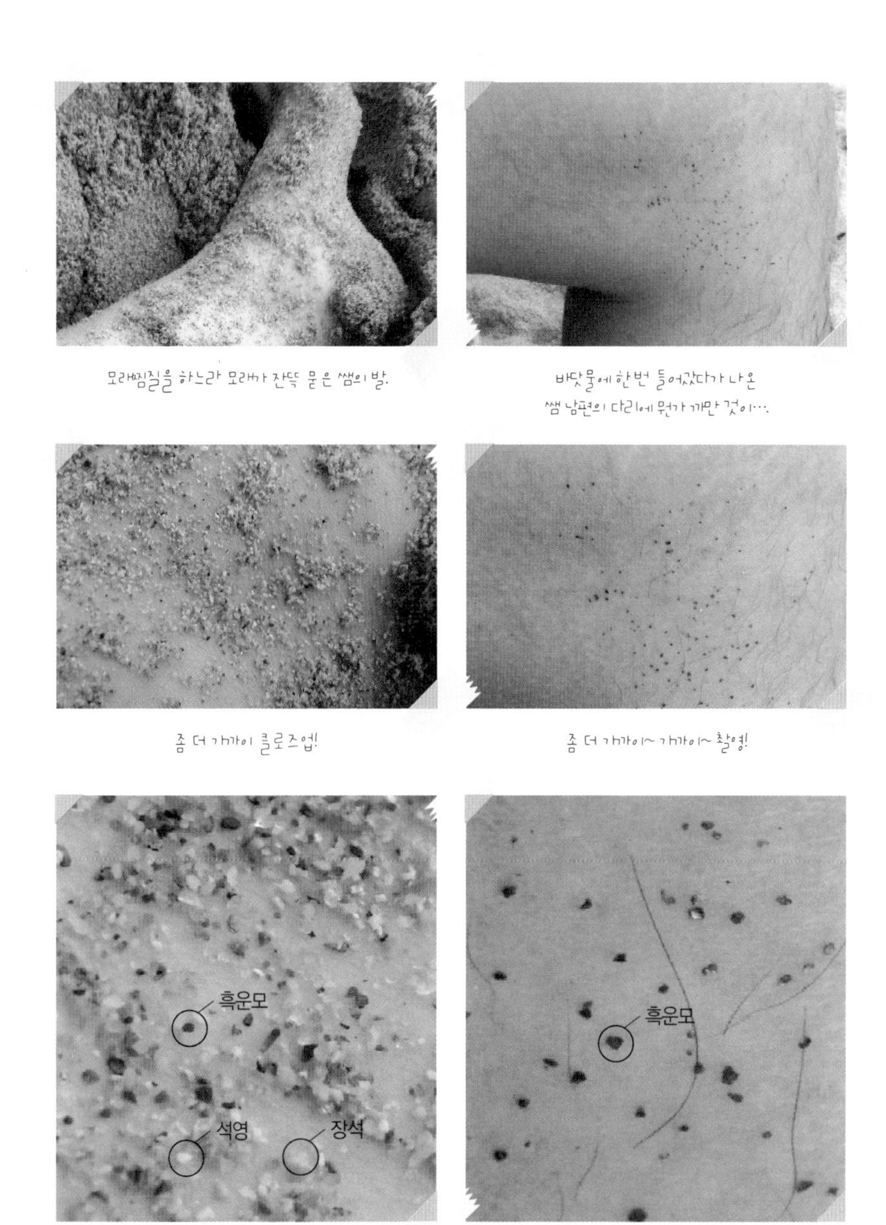

모래찜질을 하느라 모래가 잔뜩 묻은 쌤의 발.

바닷물에 한번 들어갔다가 나온
쌤 남편의 다리에 뭔가 까만 것이….

좀 더 가까이 클로즈업!

좀 더 가까이~ 가까이~ 촬영!

완전히 확대해 보니 쌤의 하얀 피부 위의 광물
알갱이가 하나하나 다 보이는구나. 뜨아~~
석영, 장석, 흑운모네!

쌤 남편의 다리털 사이로 보이는 건 모두 판상의
납작한 흑운모! 바닷물에도 씻기지 않았다.
절대로 쌤의 다리가 아님!

쌤이 가지고 있는 멋진 석영. 이건 쌤의 아버지가 주신 것으로, 쌤의 보물 중 하나란다. 크기는 쌤의 손바닥만 하단다.

자세히 살펴보면 뾰족뾰족한 기둥 하나하나가 모두 육각기둥인 것을 볼 수 있단다.

석영에 비해 확실히 덜 투명한 장석. 색상이 좀 다양하단다. 누리끼리한 것도 있고 불그스름한 것도 있지.

마치 김 조각처럼 납작하게 쪼개지는 흑운모. 가로로 된 결이 보일 거야. 그리고 바닥에 부서진 김 조각처럼 생긴 거 보이지?

정말 아주 납작한 백운모! 바닥에 들러붙은 거 보이느뇨?

옆으로 세워 놓고 한 판을 쌤이 직접 들어 보았다. 광물이 아니라 얇은 비닐 껍질 같지?

고, 이 화강암에 많이 있는 광물 알갱이들이 바로 석영, 장석, 흑운모이기 때문이지!

이렇게 해수욕장의 '만'에 퇴적된 모래를 잘 관찰하면 암석과 광물에 대한 공부가 저절로 된단다!!

핫! 그런데 혹시 광물과 암석을 구별하지 못하는 건 아니겠지? (￣▽￣oo)

그냥 '돌뎅이~'. 그렇게 무식하게 얘기하면 안 되지. 이 책을 읽는 울 애제자들은 다 과학 천재가 될 몸인데. 흠하하! 그럼 쌤이 친절하게 설명해 주마, 열심히 집중해서 눈에 힘주고 읽어다옹~~! ┌(◉.◉)┘

QueStion : 광물과 암석의 가장 큰 차이점은?
최은정 쌤의 AnSwer : 광물은 비싸고, 암석은 싸다!

바로 이거야! 왜 광물은 비싸고 암석은 싸냐? 광물은 순물질이고 암석은 혼합물이기 때문이란다. 순수한 게 싸겠니? 아니면 마구 섞인 게 비싸겠니? 아니, 지금 뭔 소리를 하는 거야? 으흐~.

당연히 순물질인 광물이 비싸고, 혼합물인 암석은 싸단다. 쌤이 가지고 있는 광물 표본 시리즈는 20만원 주고 샀지만(이미 밝힌 대로 돈과 미모밖에 없는지라. 크하~), 암석 표본은 애걔걔, 겨우 6,000원이더라고!

쌤이 가진 암석 표본 중에 유명한 암석인 화강암과 대리암 사진을 보면서 잘 구별해 보도록!

6,000원짜리 암석 표본 시리즈 중의 하나인 화강암. 그런데 이걸 보고 대리석이라고 부르는 건 화강암한테 실례란다. 울 애제자들도 누가 이름 잘못 부르면 싫잖니~.

이것이 바로 대리석이란다. 우리 교과서에는 대리암이라고 나와 있지. 조각상 만들기 딱 좋은 하얗고 깨끗한 암석이란다~.

동해안 경포대와 서해안 장봉도 그리고 제주도 중문 해수욕장의 모래!!! 서로 비교하면 암석과 광물 공부가 절로 된단다!

가장 많이 알려진 휴양지 중의 하나인 경포대의 모래를 살펴보면 앞에서 설명한 아야진 해수욕장처럼 '석영', '장석', '흑운모'가 섞여 있는 것을 관찰할 수 있단다. 결국 경포대의 모래는 화강암이 풍화된 것으로 볼 수 있지.

그러면 서해안 장봉도 해수욕장의 모래는? 역시 화강암으로 이루어져 있지만 강원도 경포대 해수욕장의 모래에 비하면 흑운모의 비율이 더 높은 것을 관찰할 수 있지. 그리고 제주도 중문 해수욕장의 모래는 제주도에 흔한 암석인 현무암의 풍화로 인해 까만 모래인 것을 확인할 수 있단다.

에, 또 동해안과 서해안의 차이점은 두 해안에서 놀고 있는 쌤 아들의 사진을 보면 알 수 있단다(실물은 더 잘생겼음을 밝혀 둔다!). 동해안에서는 비교적 깨끗하지만, 서해안에서는 갯벌의 진흙으로 인해 상당히 더~티하구나. 꼬질꼬질

동해안 경포대 해수욕장의 모래.
장봉도 해수욕장의 모래에 비하면 알갱이도 좀 더 크고, 밝은 색 광물인 석영의 비율이 높은 것을 관찰할 수 있다.

서해안 장봉도 해수욕장의 모래.
역시 석영, 장석, 흑운모가 풍화되어 섞여 있으나 경포대 해수욕장의 모래에 비하면 **흑운모의 양이 훨씬 많아 색깔이 좀 더 짙은 것**을 관찰할 수 있다.
게다가 알갱이 크기도 더 작다.

아니, 그럼 이 시커먼 모래는?
이것은 쌤이 신혼여행 갔던
(좋았단다~. (♡_♡) 으흐~)
제주도 하얏트 호텔 옆의
중문 해수욕장에 있는 모래란다.
제주도의 상징인 현무암이 섞여서 까맣구나.

하기까지 하군. 흠흠.

울 애제자들~ 이렇게 알면 아는 만큼 보이느니라~. 해수욕장의 '만' 에서 과학 공부할 게 이렇게나 많았단다!

지금 쌤과 함께 공부한 것은 중1 과학의 Ⅰ. 지권의 변화와 중2 과학의 'Ⅶ. 수권

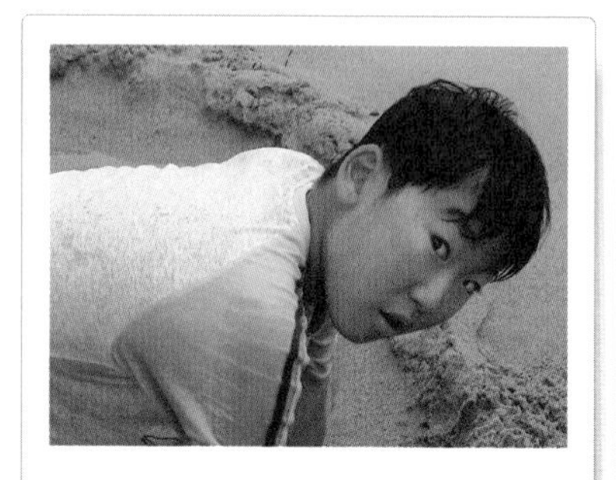

동해안의 모래 위에서 노는 모습. 모래밭에서 놀지만 그래도 비교적 깨끗하다. 표정은 좀 별로군.

얼굴을 자세히 보면 상당히 꾀죄죄한 것을 알 수 있다. 서해안의 특징인 갯벌 때문에 진흙을 얼굴에 잔뜩 묻히고 있는 모습.

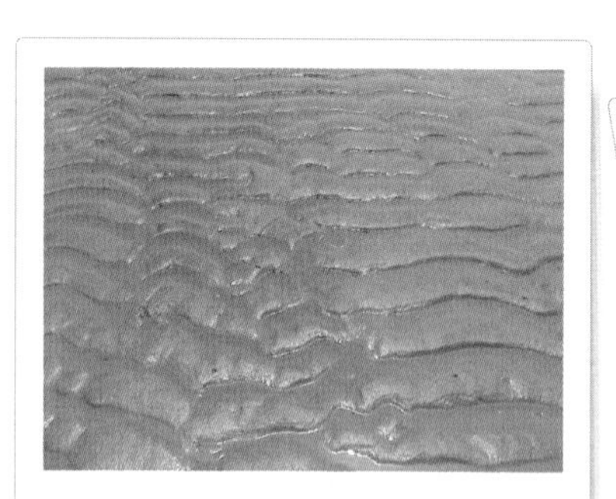

서해안의 물 빠진 갯벌에서 볼 수 있는 연흔, 즉 물결의 흔적이란다. 정말 멋지군! 흠아~.

물이 완죤~히 빠진 서해안의 갯벌. 하지만 구멍 마다 모두 생명이 존재한다. 한마디로 '갯벌은 살아 있다!'

과 해수의 순환' 단원에서 다루는, 시험에 꼭 나오는 아주 아주 중요한 내용들이란당~. 흠흠.

그럼 다음 과학 이야기에서는 '곶'으로 여행을 떠나 보자. '곶'에 가서 신나게 직접 체험해 보면서, 교과서에서 튀어나온 과학 공부를 하자. '곶'에는 재미있는 게 더 많걸랑!

교과서 어디?

'해수욕장의 광물, 암석 이야기'와 직결되는 교과 단원

중1 과학	Ⅰ. 지권의 변화 단원 전체
중2 과학	Ⅲ. 태양계 2.지구의 자전과 공전
고1 통합과학	Ⅱ. 시스템과 상호 작용 2. 지구 시스템
고1 과학탐구실험	Ⅱ. 생활 속의 과학 탐구 1.일상 속 과학 원리
고2 지구과학1	Ⅰ. 고체 지구 1.지권의 변동
고3 지구과학2	Ⅰ. 고체 지구 2.지구 구성 물질과 자원
	Ⅱ. 대기와 해양 1.해수의 운동과 순환

학습 포인트

대표적인 광물과 암석

1. 광물 주요 규산염 광물(규소와 산소가 공통으로 포함되어 있으니까)

밝은 색 광물	어두운 색 광물(철, 마그네슘 많이 함유)
석영, 장석	흑운모, 각섬석, 휘석, 감람석

2. 암석

(1) 화성암 : 마그마가 굳어서~.

		→ 어두운 색 광물 많이 함유	
화산암(빨리 식었어. 세립질 or 유리질)	유문암	안산암	현무암
심성암(천천히 식었어. 조립질)	화강암	섬록암	반려암

★ 화성암 시리즈를 외우는 방법! 쌤이 하는 얘기를 잘 들어 봐.

섬에 살던 화강이 처녀가 육지로 나와서 남자를 사귀었는데, 알고 보니 그 남자가 유부남인 거야. 에궁, 유부남과는 안 사는 게 현명하잖니. 그래서 화강이 처녀는 섬으로 다시 돌아와서 인생의 반려자를 만났다는 구나. 이 이야기를 줄이면,

• 유부남과는 안 사는 게 현명해! 화강이가 섬에 가서 반려자를 구했네. ♪♬♩
유문암 안산암 현무암 화강암 섬록암 반려암

요즘 드라마엔 불륜도 많이 나오는데, 무지 건전한 내용이잖아. 큰 소리로 같이 한다~. 시작!!

(2) 퇴적암 : 퇴적물이 굳어서~(층리, 화석은 퇴적암만의 특징이야~).

퇴적물	자갈	모래	진흙	석회질 물질	화산재	소금
퇴적암	역암	사암	셰일(이암)	석회암	응회암	암염

(3) 변성암 : 열, 압력을 받아서~(편리는 변성암만의 특징이야~).

원래의 암석	셰일	사암	석회암	화강암
변성암	점판암→편암→편마암	규암	대리암	편마암

'해수욕장의 광물, 암석 이야기' 와 관련된 서술형 평가의 예

1 우리나라에서 가장 흔한 암석의 하나인 화강암의 특징과 화강암을 이루는 광물의 특징을 서술하여라.

2 해안 지형에서 볼 수 있는 만과 곶의 특징을 비교하여 서술하여라

'해수욕장의 광물, 암석 이야기'와 관련된 서술형 평가의 예 + 예시 답안

문제와 답을 한눈에 알아볼 수 있도록 문제를 한 번 더 써 놓았단다!

1 우리나라에서 가장 흔한 암석의 하나인 화강암의 특징과 화강암을 이루는 광물의 특징을 서술하여라.

예시 답안 화강암은 마그마가 굳어서 생성된 화성암의 하나로, 밝은 색 광물이 많이 포함되어 있어서 암석 역시 대체로 밝은 색이다. 또한 천천히 굳으면서 결정이 크게 생겨서 화강암에 박혀 있는 광물 결정들이 잘 보인다.

화강암을 이루는 광물은 석영 · 장석 · 흑운모 등인데, 석영과 장석은 밝은 색 광물이고 흑운모는 철과 마그네슘이 많이 포함된 어두운 색 광물이다. 석영은 육각기둥의 특이한 결정 모양을 가지고 있으며, 깨지는 광물이다. 장석은 흰색이나 회색, 분홍색 등의 다양한 색상을 나타낸다. 그리고 흑운모는 검은색 광물로, 판상으로 쪼개지는 것이 가장 큰 특징이다.

2 해안 지형에서 볼 수 있는 만과 곶의 특징을 비교하여 서술하여라.

예시 답안 해안 지형 중 바다 쪽으로 돌출한 부분은 '곶'이라고 부르며, 해파의 에너지가 집중되는 곳이기 때문에 침식 작용이 강하게 일어난다. 반면 육지 쪽으로 쑥 들어간 부분은 '만'이라고 부르며, 해파의 에너지가 분산되기 때문에 퇴적 작용이 활발하게 일어난다. 이렇게 튀어나온 부분인 곶은 계속 침식을 당하고, 쑥 들어간 부분인 만은 계속 퇴적을 당하게 되어 오랜 세월이 지나면 해안선은 점차 단조로워진다.

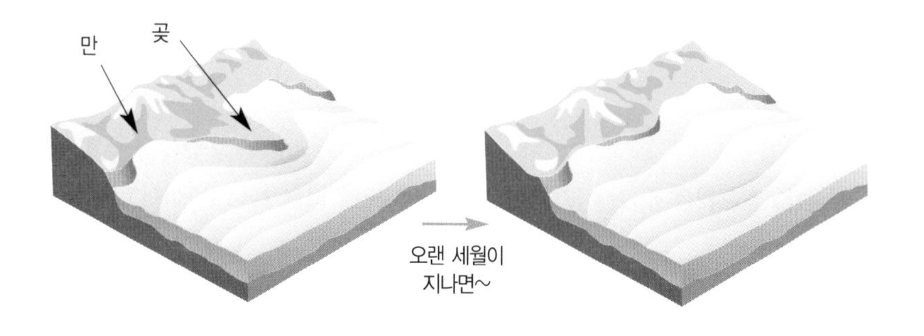

'해수욕장의 광물, 암석 이야기'를 울 애제자 나름대로 간략하게 정리해 보기

요약정리하며 자신의 느낌과 생각을 꼭 추가할 것!! 서술형 평가와 과학 논·구술 대비가 절로 된단다.

humor page

ㅎㅎㅎ 아무래도 공학박사들이 의학박사들보다 한 수 위인 것 같구나~.
의학박사들~~ 넘 불쌍해!! ㅋㅋㅋ

차표 없이 기차 탄 의학박사와 공학박사

의학박사 4명과 공학박사 4명, 이렇게 8명의 일행이 학술회의에 참가하기 위해 기차 여행에 나섰다. 의학박사 4명은 모두 기차표를 갖고 있었지만 공학박사 4명은 기차표가 한 장밖에 없었다.
의학박사들이 공학박사들에게 근심 어린 표정으로 물었다.
"도대체 어쩌려고 기차표를 한 장밖에 안 산 거요?"
그러자 공학박사들이 말했다.
"두고 보시오."
이윽고 모두 기차에 탔다. 의학박사들은 각자 자신의 자리에 앉아 역무원에게 표를 건넸다. 하지만 공학박사 4명은 한꺼번에 화장실로 들어가 차곡차곡 층을 쌓고 끼어 앉은 뒤 문을 닫았다. 역무원이 다가오자 이들은 문을 약간만 열고 문틈 사이로 팔 하나만 빼어 표를 주었다.
의학박사들, 노하우를 배웠다고 생각해 돌아가는 길에는 기차표를 한 장만 샀다. 하지만 이번에는 공학박사들이 아예 표를 한 장도 안 산 것이 아닌가.
의학박사들이 "표도 없이 어떻게 기차를 탈 작정이오?"라고 묻자, 공학박사들은 "글쎄, 보기만 하라니까"라며 자신만만한 표정을 지었다.
기차에 타자 의학박사들은 올 때 본 대로 화장실 하나에 꾸역꾸역 숨어 들어갔다. 공학박사들은 다른 화장실로 들어가 문을 닫았다. 하지만 그 화장실에 숨은 것은 3명뿐. 나머지 한 명의 공학박사는 의학박사들이 숨어 있는 화장실 문을 두드린 뒤 말했다.
"역무원입니다, 기차표 내시지요."

출처_(www.geocities.com/CollegePark/6174/phd-md.htm)

14

해식 대지 여기저기에 공룡 발자국이~ 띠용!

'곶'에서 공부하는 파도에 의한 침식 지형과 화석

육지 쪽으로 쑥 들어가고 퇴적 작용이 강한 '만'에서

해수욕을 즐기며 할 수 있는 과학 공부 이야기는 잘 읽었겠지?

그럼 이번에는 툭 튀어나오고 침식 작용이 강한 '곶'에서

관찰할 수 있는 지형과 화석에 대해 쌤의 자세하고 친절한 설명과

함께 직접 촬영한 생생한 사진들을 보면서 과학 공부 해보자.

곶에서 관찰하는 멋진 해식 동굴들

쌤이 앞 장에서 흑운모가 많은 모래에 대해 소개한 장봉도 해수욕장 기억하지? 장봉도 해수욕장은 수도권에 사는 애제자들이라면 찾아가기가 비교적 수월하단다. 공항까지 가는 길이 워낙 잘 닦여 있으니까, 쭉 뻗은 도로를 따라 인천 영종도 공항 쪽으로 가다가 근처의 부두에서 인천 옹진군 소재의 장봉도행 배를 타고 30분 정도 가면 된단다. 참! 배를 타기 전 새우깡을 꼭 준비할 것! 새우깡을 던져 주면 갈매기가 배를 따라오면서 공중곡예로 새우깡을 받아먹걸랑! 흐흐~~(배를 타고 서해안의 섬을 가다 보면 영화 〈마파도〉에서 160억 원짜리 로또복권을 갈매기가 새우깡인 줄 알고 낚아채 가는 장면이 실제로 있을 법하다는 생각이 들 만큼 갈매기가 많이 따라온단다).

새우깡을 먹겠다는 일념으로 배를 쫓아오는 갈매기들. 멋진 포즈로 새우깡을 낚아챈단다.

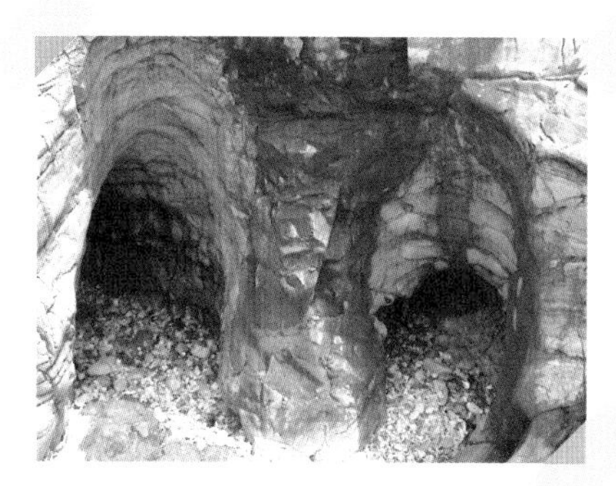
해파의 침식 작용으로 생긴 트윈 동굴! 이렇게 양쪽에 같은 모양으로 생긴 것이 참 신기하잖니. 하지만 쌤이 들어가기엔 좀 좁았단다. ㅠ.ㅠ

이 해식 동굴은 사람이 통과할 수 있을 정도로 좀 넓었단다. 쌤도 무사히 통과했지. 사실 틈에 껴서 119에 신세 지게 될까 봐 조금 두렵긴 했지만 말이야. 야호!

드디어 도착한 장봉도! 흑운모가 많이 섞인 모래사장이 있는 '만' 에서 노는 것도 재미있었지만, 해수욕장의 양끝에 볼록 튀어나온 '곶' 에서 해파의 침식 작용으로 생긴 멋진 해식 동굴을 관찰하는 것도 정말 재미있었단다.

파도의 작용에 의한 지표의 변화
- 깎아지른 듯한 해식 절벽, 푹 파인 해식 동굴, 넓은 해식 대지

장봉도의 '곶' 에서 관찰할 수 있는 해식 동굴에 대해 얘기하기 전에 '곶' 에서 볼 수 있는 해식 동굴이 정말 멋있는 곳을 먼저 소개하마! 쌤도 1997년에 다녀오고 나서 한 번 더 가야지, 가야지 하면서도 시간이 없는 관계로 다시 못 찾은 곳이 바로 그 유명한 경남 고성군 하이면에 있는 상족암이란다.

여기에는 또 아주 유명한 해식 대지가 있단다. 그런데 해식 대지와 해식 동굴이 대체 뭐냐고? 흠흠~ 아주 결정적인 질문이군! 배우고도 잊어버리는 울 애제자들을 위해 쌤이 다시 설명해 주마!

다음의 그림을 잘 보거라. 해파에 집중적으로 시달리는 부분은 푹 패어서 해식 동굴을 이루고, 해식 동굴이 깊어지다 보면 그 윗부분이 무너지면서 깎아지른 듯한 해식 절벽이 생긴단다.

부산에 사는 애제자들은 '태종대' 에 가면 역시 이 해식 절벽들을 맘껏 감상할 수 있는데, 아주 높은 해식 절벽 하나는 그곳에서 사람들이 하도 많이 자살을 해서 자살바위라고 불린단다. 그래서 '다시 한 번 생각해 보세요' 라는 팻말까지 세워 두었단다!

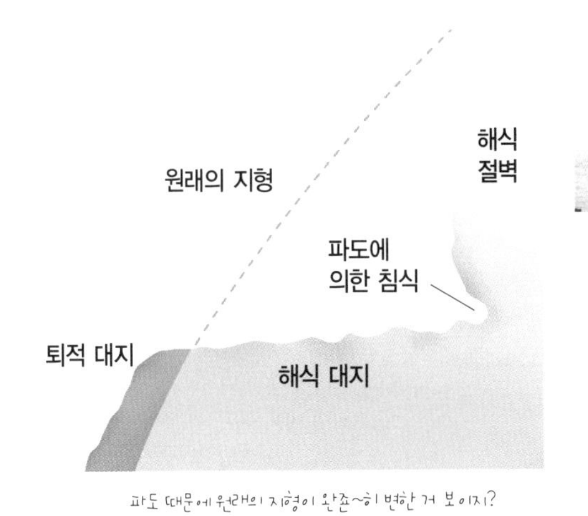

파도 때문에 원래의 지형이 완존~히 변한 거 보이지?
특히 파도가 와서 집중적으로 파버리는 부분이
해식 동굴이란다.

어때? 옆의 그림과 똑같지?
쌤이 경남 고성군 하이면
(이 지명만 들으면 쌤은 라면이
생각남-)에서 찍은 사진이란다.

에, 또 해식 절벽 아래에는 평평해서 놀기 좋은 해식 대지가 펼쳐지지. 이 내용은 중2 과학의 'Ⅶ. 수권과 해수의 순환' 단원에서 '파도의 작용에 의한 지표의 변화'가 시험 범위에 포함될 때는 꼭 출제되는 별 ☆★☆개짜리야!

자아~ 그림과 사진을 보면 해식 절벽과 해식 대지를 잘 확인할 수 있겠지?

그런데 경남 고성군 하이면의 상족암이 왜 상족암이냐? 에, 일단 뭔가 모르는 게 있으면 네이버의 검색창 아래 사전 을 클릭한 뒤에 지식백과에서 '상족암'이라고 입력하면 다음과 같이 나온단다(쌤이 인터넷 정보검색사 자격증 시험 1회 합격자로서 말하는데, 지식in에는 좋은 정보들도 많지만 독이 되는 잘못된 지식도 함께 섞여 있걸랑. 하지만 사전에는 그래도 검증된 지식이 올라와 있으니까 일단은 네이버 검색 시 먼저 사전 검색을 하는 게 바람직하단다. 뭘 찾든지 간에 말이야~).

상족암군립공원

경상남도 고성군 하이면 덕명리 해안에 있다. 1983년 11월 10일에 군립공원으로 지정되었으며, 면적은 5,106㎢에 이른다. 지형적으로 해식애에 해당한다. 파도에 깎인 해안 지형이 육지 쪽으로 들어가면서 해식애가 형성되었으며, 그 앞에 평탄하게 있는 암반층은 파식대이다. 상족암 앞의 파식대에는 공룡 발자국이 선명하게 찍혀 있다. 해식애 암벽은 시루떡처럼 겹겹이 층을 이루는 수성암인데, 모습이 밥상 다리처럼 생겼다고 하여 상족(床足)이라고도 하고 여러 개의 다리 모양과 비슷하다고 하여 쌍족(雙足)이라고도 부른다. 암벽 깊숙이 굴이 뚫려 있으며, 굴 안은 파도에 깎여서 생긴 미로 때문에 변화무쌍하다.

상족암 바닷가에는 너비 24㎝, 길이 32㎝의 작은 물웅덩이 250여 개가 연이어 있다. 1982년에 발견된 이 웅덩이는 공룡 발자국으로서 천연기념물 71호로 지정되었다. 1억 5,000만 년 전에 호숫가 늪지대였던 이곳은 공룡들이 집단으로 서식하여 발자국이 남았다가 그 위로 퇴적층이 쌓이면서 암석으로 굳어졌고, 그 뒤 지층이 솟아오르면서 퇴적층이 파도에 씻기자 공룡 발자국이 드러난 것으로 보인다.

밥상 다리, 아니면 코끼리 다리? 그럼 코끼리 발자국이구나~! No! No! Oh, No! 공룡 발자국이야!!

잘 읽어 보았느냐? 상족(床足), 즉 밥상 다리! 전체적인 바위의 모양이 밥상 다리 같다고 해서 붙은 이름이란다. 해식 동굴처럼 푹 파인 부분이 생기다 보니 멀리서 보면 밥상에 다리가 붙어 있는 것처럼 보인다는 거지.

그런데 이 상족암의 '상' 자는 코끼리 '상' 자라고도 전해진단다. 상족(象足), 즉 코끼리 다리라는 뜻이지. 코끼리 발자국이 있는 바위라고 해서 상족암이라고 이름을 지었다는 것이야.

실제로 가서 보면 넓은 해식 대지 위에 물웅덩이처럼 움푹 파인 곳이 여기저기

◀ 밥상 다리 앞에서 찰칵! 오른쪽 바위는 정말로 밥상 다리 모양이구나. 쌤의 부모님과 아들이 밥상 다리 앞에서 포즈를 잡았단다.

◀ 퇴적암층으로 이루어진 해식 절벽 사이에 깊이 파여 있는 해식 동굴.

사방에 널려 있단다. 어떤 것은 줄 그어놓고 파 놓은 것처럼 일정한 간격으로 푹 푹 들어가 있지. 정말 무거운 코끼리가 밟고 지나가서 생긴 것 같기도 하단다.

지금은 푯말이 번듯하게 있을지도 모르겠으나, 쌤이 1997년에 갔을 때는 간단한 설명조차 적어 놓은 것이 없었단다. 그래서 이곳에 놀러온 사람들 중에는 공룡 발자국인 줄은 전혀 모른 채 코끼리 발자국으로만 알고 가는 사람도 있었을 것이고, 더러는 아무 생각 없이 여기저기가 좀 파였네 하고 그냥 놀다 가는 사람도 있었을 것 같구나.

이렇게 모르면 그냥 지나치게 되지만, 알고 보면 그만큼 더 보일 뿐만 아니라 우리의 삶도 풍부해진단다.

상당히 넓은 해식 대지. 뒤에 멀리 있는 사람들만 봐도 이곳이 얼마나 넓은지 짐작할 수 있잖니.

해식 대지 여기저기 사방에 푹 파여 있는 웅덩이들. 게다가 줄까지 맞추어서!

꽁꽁 숨어 있던 공룡 발자국이 해파의 침식 작용 때문에 이렇게 다~드러났단다!

과학이 발달하기 전에 살던 옛날 사람들은 이 웅덩이가 1억 5,000만 년 전의 공룡 발자국이라고는 도저히, 절대로 상상할 수 없었을 거야. 공룡이라는 동물 자체가 존재했다는 사실도 몰랐으니까 말이야.

그런데 과학이 발달하여 제대로 탐사를 하고 보니, 놀랍게도 그 웅덩이가 바로 공룡 발자국이었다는 것 아니겠니. 공룡들이 막 돌아다니고 난 뒤 그 위에 퇴적층이 쌓이면서 공룡 발자국은 화석화가 되었고, 깊이 숨어 있던 그 공룡 발자국이 해파의 침식 작용으로 이렇게 우리가 잘 관찰할 수 있도록 해식 대지 위에 드러난 거란다.

한반도에도 공룡이 살았냐고? 어머! 그럼 당연하쥐~.

'한반도는 공룡들의 천국' 이었단다. 그때의 증거가 바로 전국에 남아 있는 공룡 발자국이지. 흠흠~. 울산광역시 울주군 두동면에 있는 백악기 공룡의 발자국 화석, 경남 진주시 진성면 가진리의 새 발자국 및 공룡 발자국 화석, 전남 화순군 북면 서유리 공룡 발자국 화석, 전남 해남군 우항리의 움푹움푹 파인 공룡 발자국 화석, 그리고 황해북도 평산군 용궁리에 있는 공룡 발자국 화석 등 북한 지역까지 온 나라에 공룡 발자국투성이란다.

전국 방방곡곡의 울 애제자들도 각자 자기가 사는 지역에서 가까운 공룡 발자국 화석지를 찾아보면 교과서에서 튀어나온 생생한 과학을 경험할 수 있단다.

헛! 그런데 달의 운동 때문에 바다에서는 밀물과 썰물, 즉 조류가 생기잖니. 상족암의 해식 대지는 밀물 때에는 바닷물에 잠기기 때문에 제대로 관찰할 수가

쌤의 아들과 공룡 발자국. 바위에 푹 파여서
마치 구멍 난 것처럼 보이는 것이 바로
공룡의 발자국이란다. 공룡이 어기적거리며
지나갔을 것을 상상해 보렴~~. ㅋㅋ

쌤의 예쁜(?) 발과 공룡 발자국.
두 발 사이에 많은 세월의 차이가 있음을
생각하면서 이 사진을 보길!

공룡 발자국 화석에 고인 물에 손 넣고
놀고 있는 모습. 쌤의 남편과 아들이란당~.

쌤도 아들과 함께 공룡 발자국에
고인 물로 물장난! 흐흐~ 재미있었단다.

없단다. 애써 멀리서 갔는데 제대로 관찰하지도 못하고 돌아오면 너무 너무 안타깝잖아. 가기 전에 꼭 남해안의 밀물과 썰물 시간을 알아 보고 가는 게 좋겠구나!

국립해양조사원 사이트의 다음 주소 (http://www.khoa,go,kr)에 접속해서 '스마트 조석' 을 누르면 서 전국 각 지역의 정확한 물때표를 한눈에 볼 수 있단다. 주소를 다 치기 귀찮으면 네이버에서 우선 '국립해양조사원' 이라고 친 다음 '해양자료실' – '조석' – '조석예보' 를 클릭해도 볼 수 있어. 핫! 그리고 도저히 멀어서 못 가겠다면 www.dino-expo.com에라도 꼭 방문해 보길~. 공룡의 발자국 소리도 들을 수 있는 '경남고성공룡세계엑스포' 사이트란다. 참 좋은 세상이야~.

해파의 침식 작용은 정말 대~~단해!

해파의 작용은 꽁꽁 숨어 있던 공룡 발자국뿐 아니라 바닷가에 자라는 나무들의 뿌리도 훤히 드러나게 하는구나. 그런데도 굳건히 버티는 나무들의 생명력이 놀랍지 않니? 이렇게 바닷가의 지형을 잘 살펴보면 해식 동굴을 만들고, 해식 대지를 만들고, 또 해식 절벽까지 만드는 해파의 능력이 참으로 대단하다는 걸 느끼게 된단다.

해파의 작용으로 뿌리가 훤히 드러나 버린 나무.
덕분에 원뿌리와 곁뿌리를 잘 구분해서 관찰할 수 있단다.

이렇게 뿌리가 드러나도 끈질긴 생명력으로 버티는 식물들.
서해안 장봉도 해수욕장에서 촬영.

전국적으로 정말 다양한 곶의 바위들

또 해수욕장마다 있는 곶의 바위들을 살펴보면 지역에 따라 다양한 암석으로 이루어져 있을 뿐만 아니라 각기 다른 변성 작용을 받고 있음을 알 수 있단다. 마그마가 식어서 굳은 화성암, 퇴적물이 굳어서 생긴 퇴적암, 암석이 많은 열과 압력을 받아 변해 버린 변성암, 이렇게 크게 세 가지로 분류되는 암석의 종류를 쌤이 다녀온 세 지역의 곶에서 각각 관찰할 수 있었지. ㅎㅎ

남해안의 경남 고성군 상족암은 퇴적암으로 이루어져 있지만(화석은 퇴적암에서 관찰할 수 있는 대표적인 특징!!), 서해안의 인천 장봉도 해수욕장의 곶은 심한 변성 작용을 받은 변성암으로 이루어진 것을 관찰할 수 있었단다. 그리고 장봉도에서 멀지 않은 인천 을왕리 해수욕장(영종도 국제공항 바로 뒤쪽에 위치한 해수욕장이란다)에 있는 곶의 바위는 모두 화성암인 화강암으로 이루어져 있었지.

울 애제자들! 이제 바닷가에서도 이렇게 생생하고 재미있는 과학 공부를 할 수

곶의 바위에 있는 수많은 절리. 이렇게 틈이 생기면 물리적인 풍화가 더욱 촉진된단다. 서해안 장봉도 해수욕장의 곶에서 촬영.

변성 작용을 받은 것으로 보이는 바위. 멋진 곡선 무늬를 관찰할 수 있단다. 서해안 장봉도 해수욕장의 곶에서 촬영.

이 바위들은 퇴적암이 아닌 화강암이란다.
서해안 을왕리 해수욕장의 곶에서 촬영.

바위를 좀 더 클로즈업한 모습. 화강암임을
확실히 확인할 수 있단다.
서해안 을왕리 해수욕장의 곶에서 촬영.

인위적으로 깨뜨려 본 단면에서 화강암을 이루는
투명한 석영, 연한 분홍색을 띠는 장석,
검은 흑운모를 잘 관찰할 수 있다.

쌤이 고이 간직하고 있는 화강암 표본(위)과
해파에 시달린 서해안 을왕리 해수욕장의
곶에서 채집한 화강암(아래).

곶에서 채집한 화강암 표본은 녹조류에 의해
푸르게 변색하고 광물 알갱이들이 침식당하면서
빠져나간 구멍들이 있음을 관찰할 수 있단다.

있다는 걸 깨달았겠지? 앞으로는 우리, 바닷가에 그냥 놀러가지 말자. 이 책을 읽은 울 애제자들은 이제 모두 지구과학 공부를 하러 바닷가로 가자. ㅎㅎ

'곶' 에서 해파에 의한 침식 지형이 어떻게 이루어져 있는지도 살펴보고, 또 혹시나 화석이 발견되지는 않을까 유심히 관찰해 보아라.

자~ 이제~~ 그만~~~(좀 오래됐지만 텔레토비 스타일로~ ㅋㅋ).

읽다 보면 저절로 서술형 평가, 과학 논술에 심층 면접까지 모두 대비할 수 있는 쌤의 신기한 과학책, 잘 읽었지? 사랑하는 울 애제자들이 이 책을 읽고 과학이 재미있어지기 시작했다면 그것으로 무조건 OK! 이제 과학이 재미있으니까 과학 공부를 열심히 하게 되고, 또 열심히 하다 보면 과학 성적은 보너스로 그냥 팍팍 올라갈 거란다! 흠하하하!

\(^-^)/ 아자!!
/ ♡ \ 과학 천재 되자!!

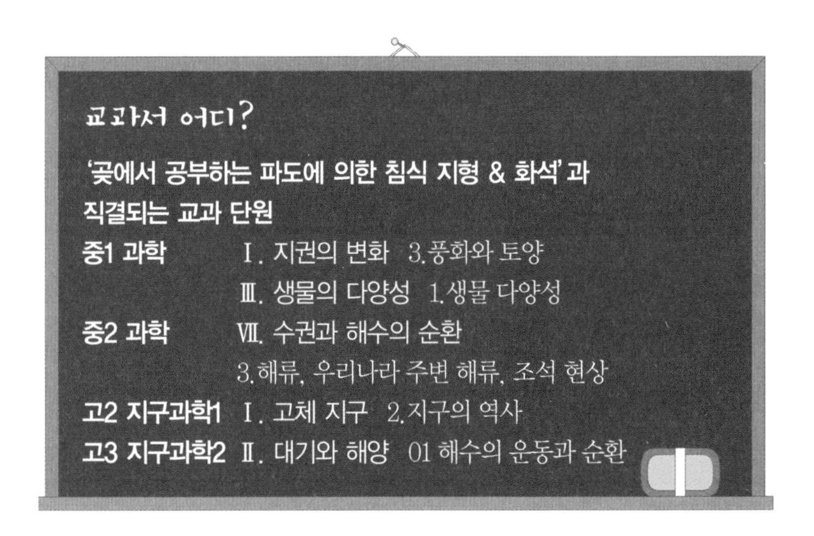

교과서 어디?

'곶에서 공부하는 파도에 의한 침식 지형 & 화석' 과 직결되는 교과 단원

중1 과학	Ⅰ. 지권의 변화 3.풍화와 토양
	Ⅲ. 생물의 다양성 1.생물 다양성
중2 과학	Ⅶ. 수권과 해수의 순환
	3.해류, 우리나라 주변 해류, 조석 현상
고2 지구과학1	Ⅰ. 고체 지구 2.지구의 역사
고3 지구과학2	Ⅱ. 대기와 해양 01 해수의 운동과 순환

학습 포인트 '곶'에서 공부하는
파도에 의한 침식 지형 & 화석

1. '곶'에서 볼 수 있는 파도에 의한 침식 지형

해식 절벽, 해식 동굴, 해식 대지 등.

2. 화석(化石, fossil)

지질 시대에 생존한 고생물의 유체 · 유해와 흔적 등이 퇴적물 중에 매몰된 채로, 또는 지상에 그대로 보존되어 남아 있는 것의 총칭

(에, 그러니까 생물의 시체뿐 아니라 생물의 흔적은 모두 다 화석이 된단다. 공룡의 똥도 화석이 될 수 있지. 쌤은 공룡 똥의 화석을 보았단다. "냄새가 나는가요?" 하고 물어보는 애제자들이 있는데, No~ No~ 냄새는 전혀 안 난단다. 화석, 즉 돌이 되어 버렸는데 냄새가 나겠니?

★ 화석의 종류

표준 화석 : 그 생물이 살던 '시대'를 알려준다.

예 삼엽충, 공룡, 시조새, 암모나이트, 화폐석, 매머드

시상 화석 : 그 생물이 자라던 '환경'을 알려준다.

예 고사리, 산호

3. 지질 시대

지질 시대	연 대	번성했던 동물	번성했던 식물	표준 화석
선캄브리아대	38억 년 전부터			
고생대	5억 7,000만 년 전부터	어류, 양서류	양치식물(고사리)	삼엽충, 필석
중생대	2억 4,500만 년 전부터	파충류	겉씨식물(소철)	공룡, 암모나이트, 시조새
신생대	6,500만 년 전부터	조류, 포유류	속씨식물	매머드, 화폐석

'파도에 의한 침식 지형 & 화석' 과 관련된 서술형 평가의 예

1 공룡이 살던 시대는 지질 시대 중 어떤 시기에 속해 있으며, 그 시기의 특징에는 어떤 것이 있는지 서술하여라.

2 파도의 침식 작용에 대해 자세히 설명하고, 파도의 침식 작용에 의해 생기는 특이한 지형들의 형성 과정을 서술하여라.

'파도에 의한 침식 지형 & 화석' 과 관련된 서술형 평가의 예 + 예시 답안

문제와 답을 한눈에 알아볼 수 있도록 문제를 한 번 더 써 놓았단다!

1 공룡이 살던 시대는 지질 시대 중 어떤 시기에 속해 있으며, 그 시기의 특징에는 어떤 것이 있는지 서술하여라.

예시 답안 공룡이 살던 시대는 **'중생대'**로, 고생대가 끝난 약 2억 4,500만 년 전부터 신생대가 시작되는 6,500만 년 전까지를 중생대라고 한다. 중생대는 여러 공룡들로 대표되는 파충류가 크게 번성했던 시대로, 파충류 시대라고 불리기도 한다. 식물들은 소철이나 은행나무 같은 겉씨식물이 많이 번성하였다. 중생대의 지층임을 알려주는 표준 화석으로는 공룡 외에 연체동물의 일종인 암모나이트, 파충류와 조류의 특징을 모두 가진 시조새 등이 있다. 이러한 동물들은 모두 중생대 말에 멸종하였으므로 중생대를 알려주는 표준 화석이 될 수 있었다.

2 파도의 침식 작용에 대해 자세히 설명하고, 파도의 침식 작용에 의해 생기는 특이한 지형들의 형성 과정을 서술하여라.

예시 답안 바다에서는 끊임없이 파도가 만들어진다. 이러한 파도가 바닷가의 바위에 부딪치면 바위는 지속적으로 충격과 압력을 받게 되고, 오랜 세월이 흐르면서 그 단단한 바위들도 마침내 부서져 내리게 된다. 또 파도에 떠밀려 다니는 모래 등의 알갱이가 바위에 같이 부딪쳐서 암석을 깎아내는 작용을 더욱 촉진하고, 암석에 포함된 광물의 일종은 바닷물에 녹아내리기도 한다.

파도에 의해 생기는 **해식 동굴**은 파도와 가장 많이 접촉하는 부분의 암석이 먼저 침식을 받아 동굴처럼 파여서 생긴 지형을 말한다. **해식 절벽**은 해식 동굴이 만들어진 다음에도 계속 침식을 받아 동굴이 점점 깊어지고, 그러면서 그 위의 암석들이 무너져 내려 깎아지른 듯한 절벽이 된 것이다. **해식 대지**는 파도의 침식 작용으로 인해 떨어져 나온 돌 조각들이 움직이면서 바닥을 침식하여 만들어진 지형으로 해식 절벽 아래의 평탄한 지형을 말한다.

['곶'에서 공부하는 파도에 의한 침식 지형 & 화석을 울 애제자 나름대로 간략하게 정리해 보기]

요약정리하며 자신의 느낌과 생각을 꼭 추가할 것!! 서술형 평가와 과학 논·구술 대비가 절로 된단다.

humor page

쌤도 마찬가지지만 정말 전공은 어쩔 수 없긴 없나 보다~~. ㅎㅎ

못 말려 시리즈 1 - 전공은 못 말려!!

전공별로 코끼리를 냉장고에 집어넣는 방법 일곱 가지.

1. 수학과 : 코끼리를 미분해 넣는다.
2. 천문학과 : 먼저 블랙홀을 냉장고에 넣은 뒤 코끼리를 넣는다.
3. 유전공학과 : 유전자를 변형시켜 냉장고에 들어갈 정도의 작은 코끼리를 만들어 넣는다.
4. 수의학과 : 코끼리의 수정란을 담은 시험관을 냉장고에 넣는다.
5. 기계설비학과 : 코끼리가 들어갈 만큼 큰 냉장고를 설계한다.
6. 고고학과 : 얼음에 갇힌 코끼리의 화석을 발견해 얼음 구조물 자체가 고대의 냉장고라는 학설을 주장한다.
7. 식품공학과 : 코끼리를 햄으로 가공해 넣는다.

못 말려 시리즈 2 - 전공은 못 말려!!

18세기 말 유럽. 수도사와 변호사, 과학자, 이렇게 세 명이 반역죄로 처형당하게 됐다.
먼저 수도사가 단두대에 엎드렸다. 집행인이 칼에 연결된 줄을 놓았으나 어찌 된 일인지 칼은 떨어지지 않았다. 그러자 수도사는 일어나더니 "신께서 죄 없는 나를 보호하신다"면서 무죄를 주장했다. 결국 그는 풀려났다.
다음은 변호사의 차례였다. 이번에도 칼은 떨어지지 않았다. 변호사는 "처벌은 실패로 끝났으며, 현행법상 같은 죄로 두 번 처벌할 수는 없다"는 논리를 늘어놓았다. 그 역시 사형을 면하게 됐다.
마지막으로 과학자가 단두대에 올랐다. 힐끗 단두대 위를 바라본 그가 소리쳤다.
"아, 어디가 잘못됐는지 알았어요!"

과학 기술자라면 자신도 모르게 이럴 수도 있을 거 같지 않니? 뜨아~~.

15

허걱!! 세상이 온통 과학이네

우리가 부풀어 터지지 않고 살아 있을 수 있는 이유

무시무시하고 어마어마한 기압의 힘, 그리고 고마운 기압의 힘

우리가 지구를 떠나 보지 않아서 모르고 그냥 살지만 사실은
어마어마한 기압이 우리를 누르고 있다옹~. ^^
그럼 도대체 얼마나 큰 기압이 평소에 쌤과 우리 따랑하는
애제자들을 찍어 누르고 있는지 지금부터 실감할 수 있게 해주마!
지금부터 쌤이 얘기하는 무시무시하고 어마어마한 기압의 힘과
관련된 과학 이야기는 중1의 'Ⅳ. 기체의 성질,
그리고 중3의 'Ⅱ. 기권과 날씨' 단원에서 나오는 내용이고,
또 고딩이 되어서도 반복해서 공부하는 매우 중요한,
★표 5개짜리 내용이야. 자~ 그러면 집중!!

만약 화성에서 우주복이 손상된다면?

우리는 1기압의 지구에서 살고 있걸랑. 그럼 과연 1기압은 얼마만큼의 힘일까?

$$1\text{기압} = 1013\,\text{hPa} = 1013 \times 100\,\text{N/m}^2 = 101300\,\text{N/m}^2$$

숫자가 복잡하기만 하니? 101300N/m^2의 압력은 최은정 쌤처럼 질량이 40kg(중력은 40kg×9.8N=392N)인 사람이 1m^2의 면적(당연히 가로세로 1m)에 약 260명 정도 올라가 있는 압력이걸랑. 실감이 나나? 안 난다구? 뭐라구? 질량이 진짜 40kg 맞냐구? 심지어 뼈만 40kg이라구? 흠아~ 쌤의 애제자라면 쌤의 질량이 40kg임을 무조건 믿어야 하느니라. 으하하하!

그럼 좋아. 헛! 이 사진은 어때?

2084년 인류는 화성으로 자유롭게 여행한다.
여기는 기압이 지구의 1/100 밖에 안 되는 화성.

헛! 화성에서 우주복이 손상되었어!!
화성의 낮은 기압에 노출되니까 온몸이 마구
부풀어 오르기 시작해!! 뜨아~

〈토탈리콜〉이란 영화의 한 장면인데, 인류가 화성을 자유롭게 여행한다는 2084년을 배경으로 하는 SF 영화야. 뜨아~ 징그럽지? 왜 이런 일이 생겼느냐? 지금부터 찬찬히 설명하마! 평소엔 우리 몸에서 밖으로 터져 나가려는 힘과 지구의 기압이 같아서, 두 힘이 평형을 이루고 있거든. 그래서 우리가 불어 터지지도, 짜부러지지도 않고 이 모습을 유지하고 있는 거란다. 그런데 지구 기압의 1/100밖에 안 되는 화성에서 몸을 보호해 주던 우주복이 손상되면, 희박한 화성의 압력이 눌러 주는 힘보다 우리 몸에서 밖으로 터져 나가려는 힘이 더 크니까 영화의 주인공처럼 얼굴이 마구 부풀어 오르는 거야. 안 눌러 주면 우리 몸은 터진다는 사실!! 이제 알았지?

지구에서는 우리 몸에서 밖으로
밀어내는 압력 = 지구의 기압
➔ 현재 모습을 유지.

화성에서는 우리 몸에서 밖으로
밀어내는 압력 > 화성의 기압
➔ 마구 부풀어 올라~.

그러면 화성에 가야지만 지구의 기압이 얼마나 큰가를 실험할 수 있나? 그건 아니란다. 이 진공 용기 같은 간단한 실험 장치만 있어도 지구의 기압이 얼마나 큰지 실험할 수 있단다!

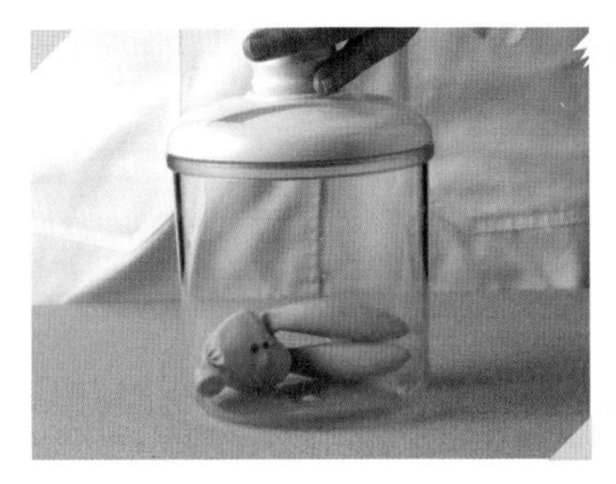

공기를 빼내기 전 - 지구의 기압이 누르고 있는 상태여서 귀엽고 쪼그마한 토끼 풍선.

헛! 토끼 풍선이 커져요~. 공기를 빼내니까 눌러 주던 기압이 줄어들면서 부푸는 토끼 풍선.

공기를 빼내기 전에는 지구의 기압이 눌러 주기 때문에 쪼그마했던 풍선이 진공 용기 속에 넣고 공기를 빼니까 마구 부풀어 오르는 것을 관찰할 수 있단다. 풍선 속엔 뭐가 들었었나? 바로 공기지! 공기 같은 기체는 압력이 커지면 부피가 줄어들고, 또 압력이 줄어들면 부피가 늘어나걸랑. 이것이 바로 '보일 법칙' 이란다!

$$\textbf{보일 법칙 : 기체의 부피} \propto \frac{1}{\textbf{압력}}$$

기체의 부피는 압력에 반비례해~.

기체들은 입자들 사이가 멀~리 멀~리 떨어져 있는데, 막 눌러 주니까 입자들 사이가 가까워지면서 부피가 줄어드는 거지! 눌러 주던 힘이 줄어들면 반대로 부피가 마구 마구 커지는 거구.

평소엔 지구의 기압이 마구 눌러 주는데 진공 용기 속에서 공기가 빠져나가면서 점점 덜 눌러 주게 되니까 부피가 커진 거란다.

자~ 이 실험을 초코파이로도 할 수 있단다. 전 국민의 영양 간식, 초코파이가 이제 '분노의 초코파이'로 변하는 실험을 봐다옹. ^^

전 국민의 영양 간식, 초코파이!
- 공기를 빼내기 전에는 이렇게 얌~전한 자태이지만

헛! 눌러 주던 기압이 줄어드니까
이렇게 분노의 초코파이로 변신! 무서워 잉~.

초코파이 속의 부드럽고 달콤한 마시멜로 속에는 많은 기포가 들어 있는데 진공 용기 속에 넣고 공기를 빼니까 원래 눌러 주던 지구의 기압이 줄어들면서 그 기포들이 마구 마구 부피가 늘어난 거란다. 압력이 줄면 기체의 부피는 커진다는 '보일 법칙' 기억하지? 그래서 빵 조직 사이를 뚫고 터져 나오면서 이렇게 분노의 초코파이가 되어 버렸네! 헉!

그러면 다음 사진의 토끼 인형은 기압과 어떤 관계가 있을까? 어떻게 해서 유리창에 매달려 있을 수 있나? 접착제를 발랐나? 아~ 빨판이 붙어 있구나.

이른바 우리가 '빨판'이라고 부르는 것도 사실은 다 지구의 기압을 이용한 것인데, 빨판 안쪽의 공기를 빼내니까 그 안쪽은 진공 상태가 되

빨판에 의해 매달린 토끼 인형
– 지구의 기압이 **열씨미** 빨판을 누르고 있는 중.

유리창을 기어오르는 로봇
– 역시 지구의 기압이 눌러 주는 힘을 이용한 거야.

고, 상대적으로 높은 지구의 기압이 빨판의 바깥쪽을 꽉꽉 눌러 주니까 빨판으로 인형을 유리창에 딱!! 붙여 놓을 수 있는 거지.

그럼 사진 속 로봇은? 빨판 로봇인데 유리창 위를 기어 올라갈 수 있어. 어떻게? 건전지의 파워를 빌려 움직이는데, 빨판을 눌러 공기를 빼내면서 지구의 기압을 이용해 유리창에 붙어서 올라갈 수 있는 거란다.

지구의 기압을 잘 이용하기만 하면 우리의 생활이 좀 더 편리해진단다. 장롱 속이 꽉 차서 이불이 들어가지 않는다구? 이럴 때 진공 팩이 있으면 이불의 부피를 팍팍 줄일 수 있단다. 진공청소기로 팩 안의 공기를 쫘악 빨아내면 지구의 대기압이 마구 마구 눌러 주면서 이불의 부피를 줄일 수 있는 거지!

같은 원리로 쓰레기의 부피도 진공청소기로 줄일 수 있어! 한번 보겠니? 쓰레기 봉투가 확 압축되어 버렸지? 종량제 쓰레기 봉투에 훨씬 많은 쓰레기를 담을 수 있게 되었네. ^^

아, 그리고 가끔 주스나 잼 병이 잘 열리지 않을 때가 있었을 거야. 쌤은 워~낙

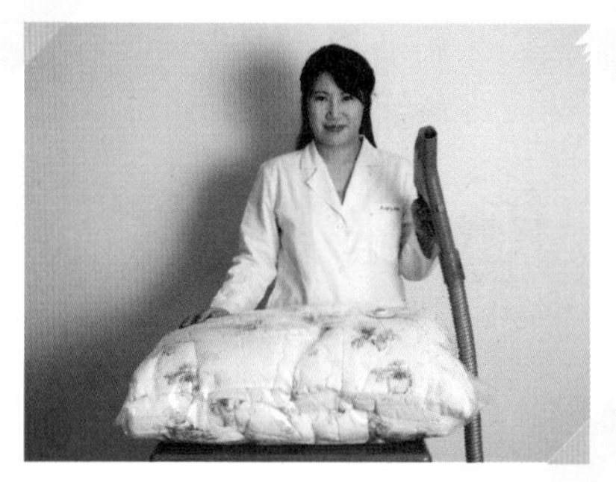

장롱 속에 들어가지 않는 부피 큰 이불.

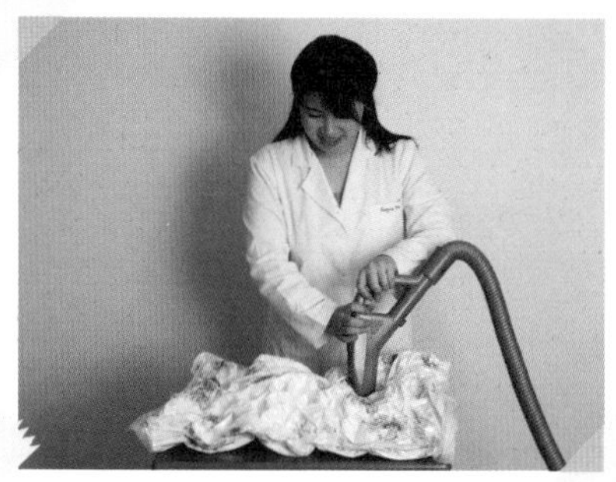

팍삭 줄어든 이불.

눌러서 담고 싶어도 잘 압축이 안 되는 쓰레기.

진공청소기로 속의 공기를 빨아내고,
테이프를 붙여 놓으면 지구의 대기압이 팍팍 눌러 주어요.

연약하다 보니(핫! 또 쌤의 말을 불신하는 애제자들이 많아요. 쌤의 팔뚝이면 뭐든지 다 열 수 있다고? 아냐! 아냐!) 이런 일을 자주 당하는데, 그러면 도대체 주스나 잼 병을 꽉 막고 있는 게 뭘까? 바로 지구의 대기압이지.

주스나 잼은 멸균을 위해 뜨겁게 가열하고 또 뜨거운 상태로 병에 담게 된단다. 시간이 지나 주스나 잼이 식으면 병 속의 빈 공간에 가득 차 있던 수증기들이 액화하면서 물방울이 되는데, 이때 병 속의 기압은 순식간에 확 낮아지게 되지. 그러면 상대적으로 높은 지구의 기압이 병을 꽉 눌러 주게 된단다.

주스 병을 열 때 '피융!' 하는 상쾌한 사운드는 바로 병 속의 낮은 기압과 상대적으로 높은 지구의 대기압이 같아지는 소리야. 정말 잘 열리지 않는 잼 병의 경우 그것을 열 수 있는 몇 가지 방법이 있는데, 첫 단계는 젖은 수건으로 병뚜껑을 감싸고 열어 보는 거야. 마찰력을 증가시키는 방법이지. 그래도 안 열린다구?

그럼 2단계 실시! 쌤이 보여 주는 이러한 도구를 한번 이용해 보는 거야. 쌤이 지레의 원리에 대해 설명했잖니. 움직이는 거리가 길어지면 힘을 적게 들일 수 있다구. 이것으로 병뚜껑을 감싸고 돌리면 바깥쪽에서 돌아가는 거리가 길어지면서 적은 힘으로 병뚜껑을 열 수 있단다.

그래도 안 된다면, 마지막 단계! 송곳으로 병뚜껑을 조금 뚫어 주는 거야. 그러면 병 안쪽의 기압과 바깥쪽의 기압이 같아지면서 너무 허무할 정도로 쉽게 뚜껑이 열린단다. 핫! 그러면 울 애제자들이 지구 대기압의 힘을 느낄 수 있도록 집에서 간단히 해볼 수 있는 실험을 소개하마!

안 열리는 잼병 열기 1단계.
젖은 수건으로 뚜껑 감싸고 열기.

안 열리는 잼병 열기 2단계.
지레의 원리를 이용한 도구를 사용한다.

안 열리는 잼병 열기 3단계.
뚫어! 뚫어! 뚜껑에 구멍을 내어 기압을 똑같이. 허무하게 열린다니까.

기압의 힘을 느낀다! 간단 실험 1

종이컵을 입에다 대고 숨을 흐~읍! 들이마셔 본다.

준비물 : 종이컵

종이컵 1개를 구해 입에 갖다 댄다.
그다음에 흐~읍!

짜부라져서 입에 붙어 버린 종이컵. 컵 속이 진공에
가까워지면서 지구의 대기압이 컵 바깥쪽을 누르기 때문!

핫! 종이컵이 입에 달라붙어 버렸네. 종이컵 속의 공기를 울 애제자가 마셔 버리니까 컵 안쪽은 심한 저기압 상태가 되고, 컵 바깥쪽은 상대적으로 높은 지구의 대기압이 팍팍 누르는 중!

기압의 힘을 느낀다! 간단 실험 2

종이로 물을 막을 수 있다. 기압의 힘을 빌린 환상의 매직쇼

준비물 : 유리병(커피 병 등), 종이 한 장, 이쑤시개

자, 그럼 이번에는 종이 병뚜껑으로 물이 쏟아지지 않게 해볼까? 병 속에 물을 꽈~악 채우고 종이를 덮은 다음 손으로 막은 상태에서 병을 거꾸로 세워 봐!! 이제 손을 떼어 볼까? 핫! 물이 전혀 쏟아지지 않지?

커피를 담았던 병에 물을 붓고 있다.

종이를 잘라서 병 입구를 물이 나오지 않게 막는다.

헛! 손을 떼도 얇은 종이 1장으로 병 속의 물을 막아내고 있네~

이제 이쑤시개를 종이를 통해 넣어 볼까?

와우~ 매직쇼! 쇼! 이쑤시개가 들어가고 있는데도 물이 쏟아지지 않네!!

바로 지구의 대기압이 종이 뚜껑을 받쳐 주고 있기 때문이란다! 이 실험을 통해 지구의 대기압이 위에서 찍어 누르는 방향으로만 작용하는 것이 아니라 모든 방향에서 작용한다는 것을 알 수 있지.

에헴, 그러면 이제는 매직쇼 단계로, 살짝 젖은 종이 뚜껑 속으로 이쑤시개를 밀어 넣어 보길. 성공했어? 쌤은 11회의 신기록을 가지고 있단다. 종이 뚜껑에 이쑤시개 구멍이 여기저기 뚫렸는데도 물이 쏟아지지 않는구나. Why 이런 일이 생길까? 우리가 병 속에 넣은 게 물이잖아. 그런데 물 분자는 서로 뭉치려는 힘이 있걸랑. 그러다 보니 종이 뚜껑에 구멍이 있어도 서로서로 뭉친 물 분자들이 그 틈을 메워 버린 거란다. 조금만 연습하면 친구들 앞에서 매직쇼를 연출해도 될 듯.^^

기압의 힘을 느낀다! 간단 실험 3

기압의 힘으로 책상도 들어 올린다

준비물 : 책상, 책받침, 청테이프, 분무기

우선 책받침에 청테이프를 붙여서 손잡이를 만들고, 책상 위에 분무기로 물을 팍팍 뿌려. 그런 다음 책받침을 책상 위에 잘 밀착을 시켜 줘야 해. 어떻게 하냐고? 잘~~하면 된단다.^^ 책받침의 가운뎃부분에서 바깥쪽으로 공기를 밀어내듯이 하면서 밀착을 시켜 주는 게 요령이야! 책받침이 책상에 붙었다는 느낌이 왔을 때 청테이프 손잡이를 들어 올리면 책상이 번쩍 들려 올라온단다. 책상을 날라야 할 때 이렇게 손잡이 책상으로 변신시켜서 가까운 곳으로 운반도 가능하지.^^

어째서 이런 일이 가능하냐고? 비밀은 바로 지구의 기압 때문이란다. 지구의 대기압이 책받침을 꽉 눌러 주다 보니 책받침과 책상 사이가 마치 접착제를 바른 것처럼 붙게 되어서 무거운 책상도 들어 올릴 수 있는 거지.

하지만 책받침과 책상 사이에 공기가 조금이라도 들어가는 순간 책받침과 책상은 분리되어 버리므로 발을 다치지 않도록 조심해서 실험할 것. 알았지?

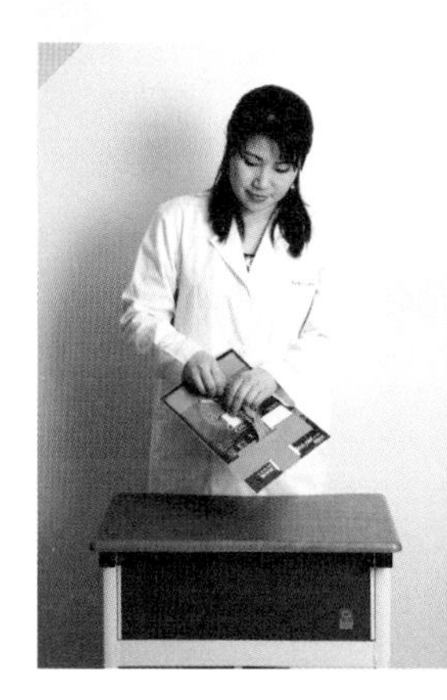

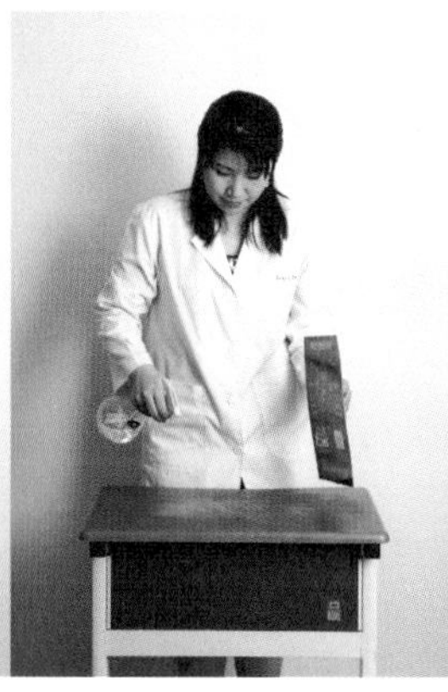

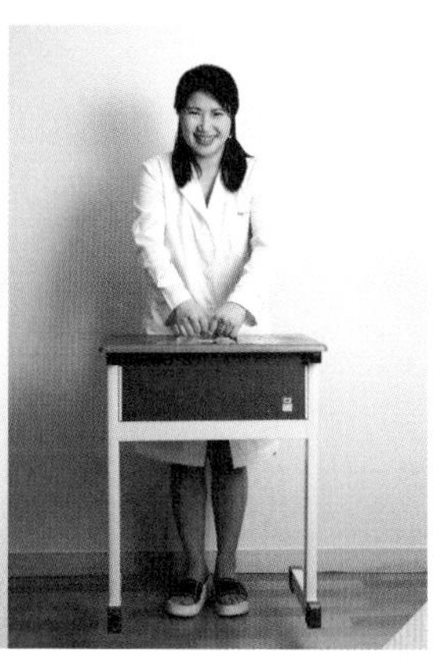

청테이프로 책받침에 손잡이 만들기.

분무기로 책상 위에 물을 흠뻑 뿌린 후 책받침을 찰싹 밀착시킨다.

이제 들어 올려 본다. 성공! 성공! 또 감격!

직접 몸으로 경험하면서 공부한 것은 오래 오래~ 잊지 않고 기억할 수 있단다. 그냥 읽고 넘기지 말고 꼭 한번 실험해 보길. 지구의 대기압이 얼마나 큰지 실감할 수 있을꼬야~.^^

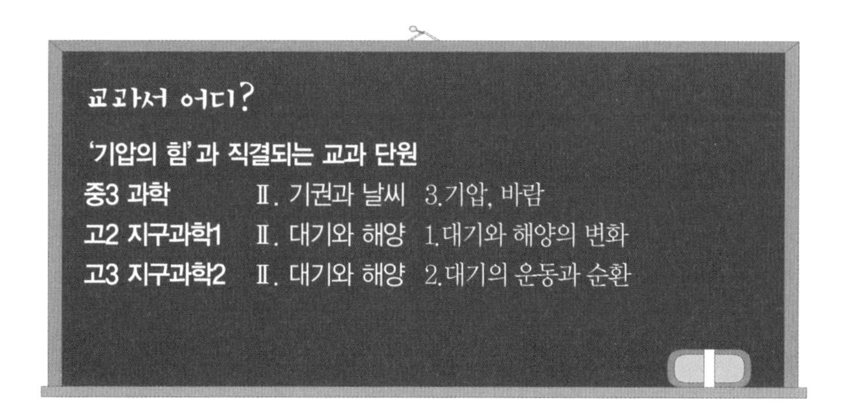

학습 포인트

기압이란? 그리고 기압의 단위

기압이란? 그리고 기압의 단위

- 기압은 '공기의 압력', 즉 공기의 무게 때문에 생기는 압력이다.
- 기압은 위, 아래, 옆 등 사방에서 작용해!! 즉 기압은 모든 방향에서 작용한다.
- 기압을 느끼지 못하는 이유는 우리 몸의 안쪽에서 바깥쪽으로 기압과 같은 크기의 압력이 작용하기 때문이다.
- 기압의 측정 : 토리첼리가 수은을 이용하여 최초로 측정함(인류 최초의 진공 만들기란 의미도 있단다).

대기가 누르는 압력과 76cm짜리 수은주가 누르는 압력이 같다.

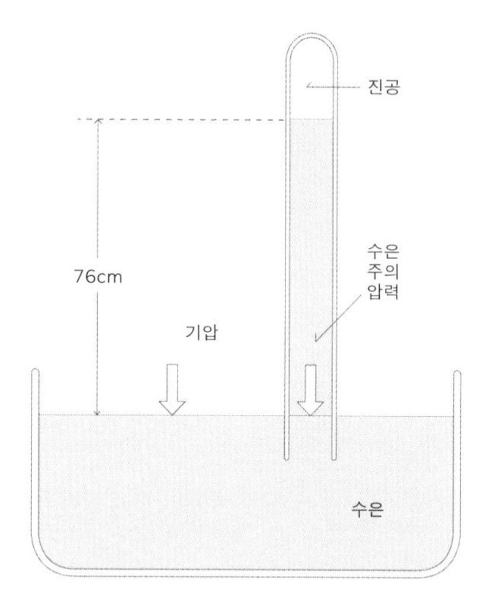

대기의 압력(기압) = 수은주의 압력
1기압 = 76cmHg
= 760mmHg
= 1013hPa(헥토파스칼)

'기압의 힘' 과 관련된 서술형 평가의 예

1 흔히 사용하는 빨판이 유리판에 붙어 있을 수 있는 이유에 대해 서술하여라.

2 다음의 그림과 같이 빈 깡통에 물을 조금 넣어 가열하고, 김이 많이 나오면 접착 테이프로 입구를 막고 식혀 본다. 깡통이 다 식으면 깡통의 모습이 어떻게 되는가? 또 이러한 현상은 왜 일어나는지 서술하여라.

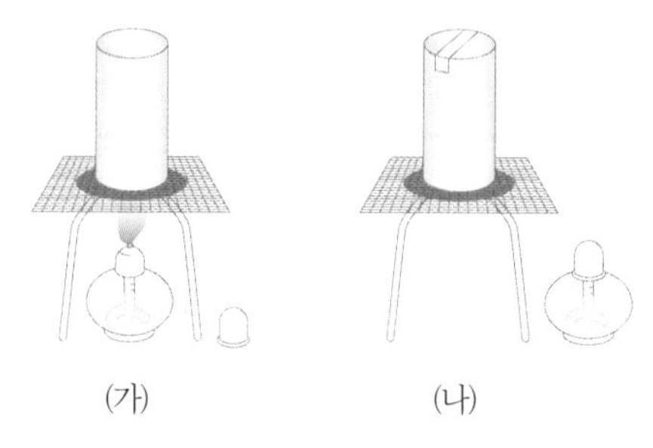

(가) (나)

'기압의 힘' 과 관련된 서술형 평가의 예 + 예시 답안

문제와 답을 한눈에 알아볼 수 있도록 문제를 한 번 더 써 놓았단다!

1 흔히 사용하는 빨판이 유리판에 붙어 있을 수 있는 이유에 대해 서술하여라.

예시 답안 빨판 안쪽의 공기를 빼내게 되면 그 안쪽은 진공 상태가 되고, 상대적으로 높은 지구의 기압이 빨판의 바깥쪽을 눌러 주므로 빨판으로 인형을 유리창에 붙일 수 있다.

2 다음의 그림과 같이 빈 캔에 물을 조금 넣어 가열하고, 김이 많이 나오면 접착테이프로 입구를 막고 식혀 본다. 캔이 다 식으면 캔의 모습은 어떻게 되는가? 또 이러한 현상은 왜 일어나는지 서술하여라.

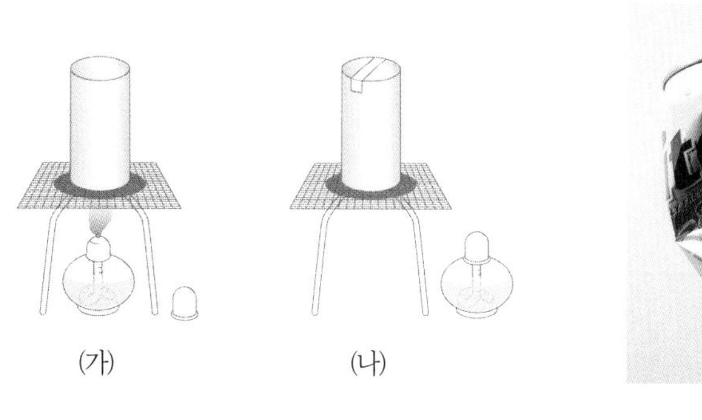

예시 답안 캔이 심하게 찌그러진다.

물이 끓으면서 캔 속의 공기를 밀어내게 되고, 캔 속은 뜨거운 수증기로 가득 차게 된다. 그 상태에서 캔의 입구를 막고 식히면 캔 속의 수증기가 식으면서 물로 액화되고, 캔 속의 기압이 매우 낮아지면서 상대적으로 높아진 지구의 대기압이 강한 힘을 가하기 때문에 캔이 저절로 찌그러진다.

*직접 실험해 보면 캔이 소리를 내며 팍팍 찌그러들기 때문에 정말 재미있단다.
집에서도 간단한 도구로 실험할 수 있으니 꼭 한번 해보기 바란다. 실험할 때 철 캔으로 실험하면 잘 안 찌그러지니까 꼭 알루미늄 캔으로 실험하길! 아니, 철 캔과 알루미늄 캔을 어떻게 구별하느냐고? 흐이~ 캔에 쓰여 있단다. 이렇게~. 그리고 자석에 붙는 것은 바로 철 캔이란다. 흠흠.

성분이 '철'인 캔.

성분이 '알루미늄'인 캔.

['기압의 힘'을 울 애제자 나름대로 간략하게 정리해 보기]

요약정리하며 자신의 느낌과 생각을 꼭 추가할 것!! 서술형 평가와 과학 논·구술 대비가 절로 된단다.

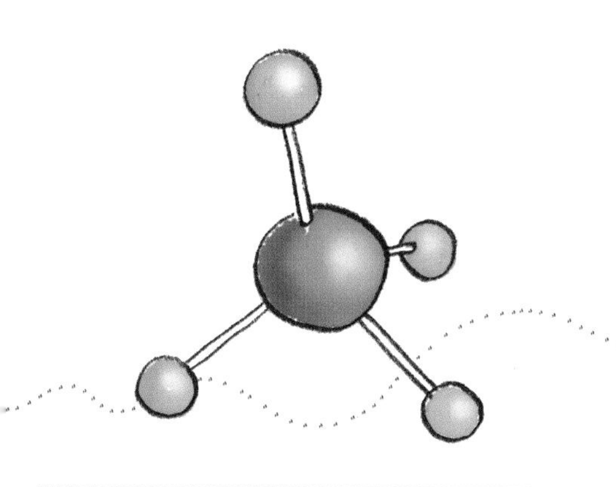

부록

허걱!! 세상이 온통 과학이네

중1~고3 과학 교과 단원과 관련된 과학 이야기 및 학습개념

과학 탐구보고서는 이렇게 쓴다!

최은정 쌤과 함께하는 정말 재미있는 과학 1, 2

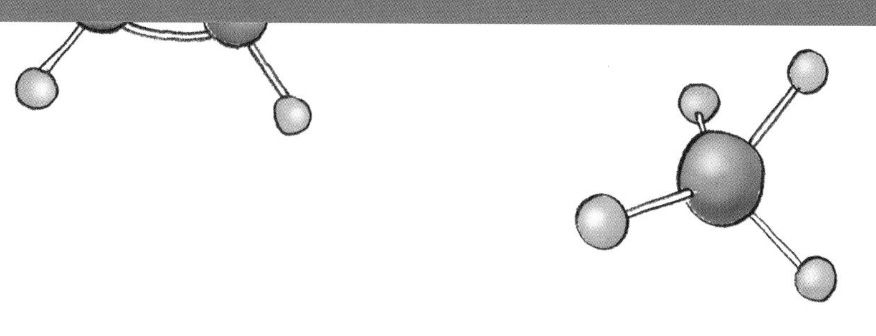

중1학년 과학 교과 단원과 관련 과학이야기 및 학습개념

대단원	중단원	관련 과학 이야기	관련 과학 학습 개념
Ⅰ. 지권의 변화	1. 지구계와 지권의 구조 2. 지각을 이루는 물질	13. 해수욕장의 모래 속에도 과학이 보인다!	[지구과학] 여러 가지 광물과 암석
	3. 풍화와 토양	13. 해수욕장의 모래 속에도 과학이 보인다! 14. 해식 대지 여기저기에 공룡 발자국이~ 띠용!	[지구과학] 여러 가지 광물과 암석 [지구과학] 파도에 의한 침식 지형, 화석
	4. 살아 있는 지구	13. 해수욕장의 모래 속에도 과학이 보인다!	[지구과학] 여러 가지 광물과 암석
Ⅱ. 여러 가지 힘	4. 부력	08. 드라이아이스 속으로 푹 빠져 볼까?	[화학] 물질의 밀도, 용해도, 호흡의 확인
Ⅲ. 생물의 다양성	1. 생물 다양성	10. 나무들이 말라 죽었어 ㅠ.ㅠ – '삼투현상' 때문이야!! 14. 해식 대지 여기저기에 공룡 발자국이~ 띠용!	[생명과학] 뿌리에서 물을 흡수하는 원리–"삼투현상" [지구과학] 파도에 의한 침식 지형, 화석
Ⅳ. 기체의 성질	4. 기체의 온도와 부피의 관계	04. 상태 변화와 열 – 손난로와 부탄가스 통 & 스프레이	[화학] 상태 변화에 따른 열의 출입–발열과 흡열
Ⅴ. 물질의 상태 변화	1. 물질의 세 가지 상태	04. 상태 변화와 열 – 손난로와 부탄가스 통 & 스프레이 08. 드라이아이스 속으로 푹 빠져 볼까?	[화학] 상태 변화에 따른 열의 출입–발열과 흡열 [화학] 물질의 밀도, 용해도, 호흡의 확인
	2. 물질의 상태 변화와 입자 배열 3. 상태 변화가 일어날 때의 온도 변화 4. 상태 변화할 때 출입하는 열에너지의 이용	04. 상태 변화와 열 – 손난로와 부탄가스 통 & 스프레이	[화학] 상태 변화에 따른 열의 출입–발열과 흡열
Ⅵ. 빛과 파동	1. 물체를 보는 원리	03. 숟가락은 오목거울도 되고, 볼록거울도 되지!! 11. 수정체는 우리 눈 속의 딴딴 투명 젤리	[물리학] 빛을 반사하는 거울과 빛을 굴절시키는 렌즈 [생명과학] 감각기관 중 "눈"의 구조
	3. 거울과 렌즈	03. 숟가락은 오목거울도 되고, 볼록거울도 되지!!	[물리학] 빛을 반사하는 거울과 빛을 굴절시키는 렌즈
Ⅶ. 과학과 나의 미래	2. 관심 분야 속 과학	07. 플라스틱이라도 다 같은 플라스틱이 아니야!! [2]	[화학] 생활 속의 탄소 화합물

중2학년 과학 교과 단원과 관련 과학이야기 및 학습개념

대단원	중단원	관련 과학 이야기	관련 과학 학습 개념
Ⅰ. 물질의 구성	1. 원소 2. 원자	05. 라면 국물이 넘칠 때 나트륨의 불꽃반응을 볼 수 있다! 06. 플라스틱이라도 다 같은 플라스틱이 아니야!! [1]	[화학] 금속의 불꽃반응, 연소(빠른 산화) [화학] 생활 속의 탄소 화합물
	3. 분자, 원소 기호	05. 라면 국물이 넘칠 때 나트륨의 불꽃반응을 볼 수 있다! 06. 플라스틱이라도 다 같은 플라스틱이 아니야!! [1] 07. 플라스틱이라도 다 같은 플라스틱이 아니야!! [2]	[화학] 금속의 불꽃반응, 연소(빠른 산화) [화학] 생활 속의 탄소 화합물
	4. 이온, 이온식	05. 라면 국물이 넘칠 때 나트륨의 불꽃반응을 볼 수 있다!	[화학] 금속의 불꽃반응, 연소(빠른 산화)
Ⅲ. 태양계	2. 지구의 자전과 공전	13. 해수욕장의 모래 속에도 과학이 보인다!	[지구과학] 여러 가지 광물과 암석
Ⅳ. 식물과 에너지	2. 물의 이동과 증산 작용	10. 나무들이 말라 죽었어 ㅠ.ㅠ – '삼투현상' 때문이야!!	[생명과학] 뿌리에서 물을 흡수하는 원리–"삼투현상"
Ⅴ. 동물과 에너지	2. 영양소, 소화 효소, 소화계 3. 순환계 4. 호흡계 5. 배설계의 구조와 기능 6. 소화·순환·호흡·배설의 관계	12. 초원이 심장이 방실방실 뛰어요	[생명과학] 사람의 유전, 심장의 구조, 호흡은 발열 반응!!!
Ⅵ. 물질의 특성	1. 순물질, 혼합물 2. 밀도, 용해도, 물질의 특성	09. 눈이 오면 뿌리는 제설제는 도대체 어떤 물질일까?	[화학] 물을 흡수하는 화합물들–염화칼슘, 진한 황산
Ⅶ. 수권과 해수의 순환	3. 해류, 우리나라 주변 해류, 조석 현상	14. 해식 대지 여기저기에 공룡 발자국이~ 띠용!	[지구과학] 파도에 의한 침식 지형, 화석
Ⅷ. 열과 우리 생활	1. 온도, 열의 이동 방식	04. 상태 변화와 열 – 손난로와 부탄가스 통 & 스프레이 09. 눈이 오면 뿌리는 제설제는 도대체 어떤 물질일까?	[화학] 상태 변화에 따른 열의 출입–발열과 흡열 [화학] 물을 흡수하는 화합물들–염화칼슘, 진한 황산
Ⅸ. 재해 재난과 안전	1. 재해·재난의 원인	09. 눈이 오면 뿌리는 제설제는 도대체 어떤 물질일까?	[화학] 물을 흡수하는 화합물들–염화칼슘, 진한 황산

중3학년 과학 교과 단원과 관련 과학이야기 및 학습개념

대단원	중단원	관련 과학 이야기	관련 과학 학습 개념
Ⅰ. 화학 반응의 규칙과 에너지 변화	1. 물리 변화, 화학 변화 2. 화학 반응, 화학 반응식	04. 상태 변화와 열 – 손난로와 부탄가스 통 & 스프레이 08. 드라이아이스 속으로 푹 빠져 볼까?	[화학] 상태 변화에 따른 열의 출입–발열과 흡열 [화학] 물질의 밀도, 용해도, 호흡의 확인
Ⅱ. 기권과 날씨	3. 기압, 바람	15. 우리가 부풀어 터지지 않고 살아 있을 수 있는 이유	[지구과학] 기압, 기압의 단위, 기압의 힘!!
Ⅲ. 운동과 에너지	1. 등속운동 2. 자유 낙하 운동	01. 엘리베이터를 탔더니 몸무게가 변하네! 바로 '관성' 때문이야~	[물리학] 뉴턴의 운동 제1법칙("관성의 법칙")
	3. 일, 중력에 의한 위치 에너지, 운동 에너지	02. '지레'의 원리, 가방끈은 짧아야 가볍다!	[물리학] "일의 원리" – 여러 종류의 지레
Ⅳ. 자극과 반응	1. 눈, 귀, 코, 혀의 구조와 기능, 피부 감각과 감각점	11. 수정체는 우리 눈 속의 딴딴 투명 젤리	[생명과학] 감각기관 중 "눈"의 구조
Ⅷ. 과학 기술과 인류 문명	1. 과학 기술과 인류 문명	06. 플라스틱이라도 다 같은 플라스틱이 아니야!! [1]	[화학] 생활 속의 탄소 화합물

고1학년 통합과학 교과 단원과 관련 과학이야기 및 학습개념

대단원	중단원	관련 과학 이야기	관련 과학 학습 개념
Ⅰ. 물질과 규칙성	1. 물질의 규칙성과 결합	05. 라면 국물이 넘칠 때 나트륨의 불꽃반응을 볼 수 있다! 06. 플라스틱이라도 다 같은 플라스틱이 아니야!! [1] 07. 플라스틱이라도 다 같은 플라스틱이 아니야!! [2]	[화학] 금속의 불꽃반응, 연소(빠른 산화) [화학] 생활 속의 탄소 화합물
Ⅱ. 시스템과 상호 작용	1. 역학적 시스템 – 중력과 물체의 운동	01. 엘리베이터를 탔더니 몸무게가 변하네! 바로 '관성' 때문이야~	[물리학] 뉴턴의 운동 제1법칙("관성의 법칙")
	2. 지구 시스템	13. 해수욕장의 모래 속에도 과학이 보인다!	[지구과학] 여러 가지 광물과 암석
	3. 생명 시스템	10. 나무들이 말라 죽었어 ㅠ. ㅠ – '삼투현상' 때문이야!! 12. 초원이 심장이 방실방실 뛰어요	[생명과학] 뿌리에서 물을 흡수하는 원리–"삼투현상" [생명과학] 사람의 유전, 심장의 구조, 호흡은 발열 반응!!!
Ⅲ. 변화와 다양성	1. 화학 변화	08. 드라이아이스 속으로 푹 빠져 볼까?	[화학] 물질의 밀도, 용해도, 호흡의 확인

고1학년 과학탐구실험 교과 단원과 관련 과학이야기 및 학습개념

대단원	중단원	관련 과학 이야기	관련 과학 학습 개념
II. 생활 속의 과학 탐구	1. 일상 속 과학 원리	05. 라면 국물이 넘칠 때 나트륨의 불꽃반응을 볼 수 있다! 09. 눈이 오면 뿌리는 제설제는 도대체 어떤 물질일까? 13. 해수욕장의 모래 속에도 과학이 보인다!	[화학] 금속의 불꽃반응, 연소(빠른 산화) [화학] 물을 흡수하는 화합물들–염화칼슘, 진한 황산 [지구과학] 여러 가지 광물과 암석
	3. 과학 탐구의 과정	이 책의 모든 Chapter가 다 해당함	

고2학년 물리학1 과학 교과 단원과 관련 과학이야기 및 학습개념

대단원	중단원	관련 과학 이야기	관련 과학 학습 개념
I. 역학과 에너지	1. 뉴턴 운동 법칙과 운동량	02. '지레'의 원리, 가방끈은 짧아야 가볍다!	[물리학] "일의 원리" – 여러 종류의 지레
III. 파동과 정보통신	1. 파동의 성질과 활용	03. 숟가락은 오목거울도 되고, 볼록거울도 되지!!	[물리학] 빛을 반사하는 거울과 빛을 굴절시키는 렌즈

고2학년 화학1 과학 교과 단원과 관련 과화이야기 및 학습개념

대단원	중단원	관련 과학 이야기	관련 과학 학습 개념
III. 화학 결합과 분자의 세계	1. 화학 결합	05. 라면 국물이 넘칠 때 나트륨의 불꽃반응을 볼 수 있다! 06. 플라스틱이라도 다 같은 플라스틱이 아니야!! [1] 07. 플라스틱이라도 다 같은 플라스틱이 아니야!! [2]	[화학] 금속의 불꽃반응, 연소(빠른 산화) [화학] 생활 속의 탄소 화합물
VI. 역동적인 화학 반응	1. 화학 평형	09. 눈이 오면 뿌리는 제설제는 도대체 어떤 물질일까?	[화학] 물을 흡수하는 화합물들–염화칼슘, 진한 황산
	2. 화학 반응	08. 드라이아이스 속으로 푹 빠져 볼까?	[화학] 물질의 밀도, 용해도, 호흡의 확인
	3. 화학 반응과 열	04. 상태 변화와 열 – 손난로와 부탄가스 통 & 스프레이 09. 눈이 오면 뿌리는 제설제는 도대체 어떤 물질일까?	[화학] 상태 변화에 따른 열의 출입–발열과 흡열 [화학] 물을 흡수하는 화합물들–염화칼슘, 진한 황산

대단원	중단원	관련 과학 이야기	관련 과학 학습 개념
Ⅲ. 항상성과 몸의 조절 Ⅳ. 유전	3. 근육의 구조와 수축 원리 4. 유전자 이상과 염색체 이상	12. 초원이 심장이 방실방실 뛰어요	[생명과학] 사람의 유전, 심장의 구조, 호흡은 발열 반응!!!

고2학년 지구과학1 과학 교과 단원과 관련 과학이야기 및 학습개념

대단원	중단원	관련 과학 이야기	관련 과학 학습 개념
Ⅰ. 고체 지구	1. 지권의 변동	13. 해수욕장의 모래 속에도 과학이 보인다!	[지구과학] 여러 가지 광물과 암석
	2. 지구의 역사	14. 해식 대지 여기저기에 공룡 발자국이~ 띠용!	[지구과학] 파도에 의한 침식 지형, 화석
Ⅱ. 대기와 해양	1. 대기와 해양의 변화	15. 우리가 부풀어 터지지 않고 살아 있을 수 있는 이유	[지구과학] 기압, 기압의 단위, 기압의 힘!!

고3학년 물리학2 과학 교과 단원과 관련 과학이야기 및 학습개념

대단원	중단원	관련 과학 이야기	관련 과학 학습 개념
Ⅰ. 역학과 상호 작용	1. 힘과 운동	02. '지레'의 원리, 가방끈은 짧아야 가볍다!	[물리학] "일의 원리" – 여러 종류의 지레
	2. 중력과 에너지	01. 엘리베이터를 탔더니 몸무게가 변하네! 바로 '관성' 때문이야~	[물리학] 뉴턴의 운동 제1법칙("관성의 법칙")
Ⅲ. 파동과 물질의 성질	1. 전자기파의 성질과 이용	03. 숟가락은 오목거울도 되고, 볼록거울도 되지!!	[물리학] 빛을 반사하는 거울과 빛을 굴절시키는 렌즈

고3학년 화학2 과학 교과 단원과 관련 과학이야기 및 학습개념

대단원	중단원	관련 과학 이야기	관련 과학 학습 개념
Ⅰ. 물질의 세 가지 상태와 용액	1. 물질의 세 가지 상태	04. 상태 변화와 열 – 손난로와 부탄가스 통 & 스프레이	[화학] 상태 변화에 따른 열의 출입–발열과 흡열
Ⅱ. 반응엔탈피와 화학 평형	1. 반응엔탈피	04. 상태 변화와 열 – 손난로와 부탄가스 통 & 스프레이	[화학] 상태 변화에 따른 열의 출입–발열과 흡열
	3. 산 염기의 평형	08. 드라이아이스 속으로 푹 빠져 볼까?	[화학] 물질의 밀도, 용해도, 호흡의 확인

고3학년 생명과학2 과학 교과 단원과 관련 과학이야기 및 학습개념

대단원	중단원	관련 과학 이야기	관련 과학 학습 개념
Ⅱ. 세포의 특성	3. 세포막을 통한 물질 이동	10. 나무들이 말라 죽었어 ㅠ. ㅠ – '삼투현상' 때문이야!!	[생명과학] 뿌리에서 물을 흡수하는 원리–"삼투현상"

고3학년 지구과학2 과학 교과 단원과 관련 과학이야기 및 학습개념

대단원	중단원	관련 과학 이야기	관련 과학 학습 개념
Ⅰ. 고체 지구	2. 지구 구성 물질과 자원	13. 해수욕장의 모래 속에도 과학이 보인다!	[지구과학] 여러 가지 광물과 암석
Ⅱ. 대기와 해양	1. 해수의 운동과 순환	13. 해수욕장의 모래 속에도 과학이 보인다! 14. 해식 대지 여기저기에 공룡 발자국이~ 띠용!	[지구과학] 여러 가지 광물과 암석 [지구과학] 파도에 의한 침식 지형, 화석
	2. 대기의 운동과 순환	15. 우리가 부풀어 터지지 않고 살아 있을 수 있는 이유	[지구과학] 기압, 기압의 단위, 기압의 힘!!

골치아픈 과학 탐구 보고서 - 생활 속 과학실험으로 완전 해결!!

해마다 방학이면 꼭 학교에서 내주시는 숙제가 있으니, 바로 과학 탐구보고서를 제출하라는 것이잖니. 숙제를 제출하면 우수한 과학 탐구보고서는 학교에서 상을 주시기도 하고, 또 중학생의 경우 수행평가 점수에도 들어가니 절대 소홀히 할 수 없지!!

우리 애제자들뿐 아니라 부모님들도 같이 고민을 무지 하시더라구. 평소에는 잘 연락을 안 하던 동창들이 과학실험전문가인 쌤한테 마구 연락을 하고 도움을 청할 때도 바로 이 과학 탐구보고서 숙제를 제출해야 할 때거든. ㅋ ㅋ.

쌤이 이 책을 쓰기 전에는 탐구보고서를 쓸 만한 주제들을 모아 메일을 보내주기도 하고 그랬었어. 쌤이 보내준 주제로 보고서를 써서 상을 탄 쌤의 친구 딸, 아들들도 많았단다. ㅎ ㅎ. 하지만 이 책이 출판되고 나서는 더 이상 메일을 보내주지 않는단다. 워낙 이 책에 잘 정리가 되어 있으므로, 탐구보고서를 잘 쓰려면 쌤의 책을 보라고 자신 있게 권유한다용~

울 애제자들이 과학 탐구보고서를 쓰려면 일단은 주제를 선정하는 것이 무엇보다 먼저인데, 도대체 뭐에 대해 써야할지 막막할 때가 많은 거 같아~ 그럴 때 쌤의 책을 잘 읽어보면 탐구보고서를 쓸 수 있는 아이템들이 널려 있다는 걸 알 수 있을 꺼야~

본문에서 충분히 설명을 하긴 했지만, 주제를 선정한 뒤 탐구보고서를 쓸 때 도움이 되었으면 하는 마음에서, 과학 탐구보고서 안내서의 내용과 쌤의 애제자이자 쌤의 DNA를 물려준 아들이 쓴 과학 탐구보고서를 부록으로 추가한다.
그런데 쌤의 책이 워낙 베스트셀러가 된지라 많은 과학 선생님 분들과 또 많은 애제자들이 다 같이 보고 있으니까 쌤 책의 내용을 그대로 베껴서 똑같이 해가면 같은 숙제를 해온 친구가 있을지도 몰라~ 그러니까 쌤의 책 내용을 참고하되 울 애제자의 창의력을 가미해야 한다는 사실!! 잊지 말길. 그냥 아무것도 없는데서 뭔가를 만들어 내긴 어렵지만 살짝 변형하는 것은 그래도 좀만 고민하면 할 수 있잖아. 숙제인데 그래도 조금은 고민해서 해야지.
예를 들어 쌤의 책에서는 공룡발자국에 대한 것은 경남 고성군 하이면 덕명리 해안의 상족암에 대해 나와 있지만, 울 애제자는 자기가 살고 있는 지역과 가까운 곳의 화석유적지를 찾아가서 쓸 수 있잖아. 그러면 또 완전히 다른 보고서가 탄생한단다!
자아~ 그러면 일단 먼저 쌤의 아들이 다니는 학교에서 내준 과학 탐구보고서 안내서 내용을 먼저 소개하마!! 이 안내서를 쓰신 선생님께서 워낙 작성을 잘 하셔서 사실 과학 탐구보고서를 쓸 수 있는 요령이 잘 나와 있단다.

과학 탐구보고서 작성 순서

1. 탐구 주제

과학과 관련된 주제나 과학이 아니더라도 일상생활에서 과학적으로 탐구하고자 하는 주제를 자유롭게 선정할 수 있음.

2. 양식

(1) A4용지에 손으로 쓰거나 컴퓨터로 칠 수 있음

(2) 순서

① 주제 설명 또는 탐구하게 된 동기

② 알고 싶은 점

③ 탐구 및 실험 방법

④ 탐구 결과 예상

⑤ 결과

⑥ 결론 및 느낀 점

3. 분량

표지를 제외하여 A4용지 5매 이상 (사진, 그래프, 표 등을 포함)

4. 점수 반영

(1) 2학기 과학 수행평가(태도평가)에 반영

(2) 우수자는 학년별로 시상(금1, 은2, 동3)하며 특별활동점수에 가산점 1점 반영

(3) 인터넷에서 다운받은 자료나 친구의 보고서를 베낀 경우 감점됨.

4. 점수 반영

(1) 과학성 (25%)

(2) 창의성 (25%)

(3) 탐구 주제에 적합한 방법을 선택했는가 (25%)

(4) 결과 정리 및 분석은 잘 되었는가(25%)

과학 탐구보고서 작성요령

- 설명을 장황하게 하지 않고 짧으면서도 요점을 충분히 이해시키는 데 주력해야 한다.
- 가급적 사진도 첨부하면 좋다. (사진에 대한 짧은 보충설명 기재)
- 마지막으로 본인이 모르는 부분에서 만약에 책이나 인터넷 검색을 했다면 출처를 분명히 밝혀야 한다.

1. 탐구주제 선정하기 (주위를 잘 살펴보도록)

- 쉽게 할 수 있고 일상적인 쉬운 주제를 선정한다.
- 사소한 것이라도 모두 탐구주제가 될 수 있음.

예) 김치가 시는 까닭은?   빨래하면 왜 깨끗해질까?   별자리에 관한 보고서 흡연에 관한 보고서   초콜릿에 대해서 등등

2. 탐구 동기 (난 궁금한 건 못 참아~~)

- 어떻게 이 실험을 하게 되었는지를 써주면 됨.
- 대부분이 어떤 현상을 보고 궁금한 점을 쓰면 된다.

예) 차가운 물을 먹고 싶어서 물에 얼음을 두세 개쯤 넣었는데 얼음이 탁~ 탁

하고 소리를 내면서 갈라지고 금이 가는 것을 보았다. 그것을 보고 얼음에 금이 가는 이유가 뭔지 알기 위해서 실험을 하고 보고서를 쓰게 되었다.

3. 탐구를 통하여 알아보고 싶은 점 (궁금한 걸 꼭 알아내자!!)

● 실험을 통하여 알아보고 싶은 점, 궁금한 점을 적는다.

예) 깎아둔 사과가 변색하는 이유는 무엇인가?

어떻게 하면 사과의 변색을 막을 수 있을까?

4. 준비물 (꼭 꼭 챙기기!!)

주제가 정해졌으면 실험하는 데 필요한 준비물을 준비한다. 실험하기 쉬운 주제였다면 준비물은 쉽게 구할 수 있을 것임.

5. 실험방법 및 절차 (차근차근…)

실험하는 방법을 순서대로 적는다. 보는 사람이 이해할 수 있도록 자세히 써야 한다.

예) 사과의 변색이유와 변색방지법을 조사한다.

그런 후에 껍질을 벗긴 사과를 준비한다.

여러 변색 방지법에 따라 사과를 가지고 실험을 실시한다.

시간경과에 따른 사과의 변화를 보고 기록한다.

마지막으로 마무리를 하고 탐구보고서를 작성한다.

6. 탐구 결과 예상 (내 생각엔 말이야!)

실험을 하기 전에 결과를 추측해 보는 예상이니까 나중에 결과와 같을 수도 있고 틀릴 수도 있음

예) 내 생각엔 따뜻할 때 더 잘 녹을 것 같다. 왜냐하면 어떤 물질이든 열을 가했을 때 더 잘 녹기 때문이다.

7. 탐구기간

실험에 따라 하루가 걸릴 수도 한 달이 걸릴 수도 있으니 자신의 실험 기간을 잘 기록한다. 실험이 아닌 조사보고서도 작성 기간을 메모했다가 적는다.

8. 탐구 내용의 결과 (보고서의 핵심!!)

- 실험 결과에 대하여 정확하게 적는다.
- 오랫동안 관찰하거나 실험을 한 경우라면 되도록 같은 시간에 결과를 측정하는 편이 좋다. 사진이나 도표, 그래프를 이용하면 결과를 한눈에 보기가 좋다.

9. 결과 정리

- 탐구한 주제와 궁금한 점을 생각하여 실험 결과를 정리해 적는다. 실험과 관련된 다른 자료도 조사해서 적는다.
- 음료수에 관한 실험을 했다면 다른 곳에서 음료수의 성분이나 물질에 관한 조사를 첨가하면 더 좋을 것임.

10. 탐구를 통하여 알게 된 점

실험을 통해서 궁금했는데 알게 된 점을 잘 정리해서 적는다. 이와 비슷한 다른 현상에 관한 짧은 조사를 해서 적어도 괜찮음.

예) 식초를 종이에 묻히면 우리 눈에는 보이지 않지만 화학 반응이 일어난다는 사실을 간접적으로나마 확인할 수 있었다. 그리고 화학 반응 때문에 발화점이 낮아지고, 그래서 식초 글씨가 보인다는 사실을 이번 실험을 통해서 알게 되었다. 그리고 식초를 묻힌 종이와 그냥 종이를 두고 발화점 실험을 했을 때 식초 종이는 점점 그을리는 반면, 그냥 종이는 변하지 않는 것을 보고 종이의 화학 변화로 인해서 생긴 발화점의 차가 생각 의외로 큰 것 같아서 약간 놀랐다.

11. 탐구를 통하여 느낀 점

실험을 해서 생각하지 못했던 걸 알게 되었던 점을 적는다.

예) 나는 이번 실험을 하면서 자신이 다 안다고 생각하는 것도 사실은 잘 모르는 것이라고 생각했다. 이 주제에 대해서 아이들이 거의 다 알고 있었는데 그 까닭을 아는 사람은 아무도 없었기 때문이다. 언제나 모든 일에 호기심을 가지고 진지하게 탐구하는 자세야말로 우리에게 필요한 것임을 알았다. …(중략)… 그래도 이번 실험을 하면서 내가 몰랐던 것을 알게 되어 정말 기분이 좋았다. 나는 발화점이니 뭐니 하는 것은 전혀 꿈에도 생각해보지 못했는데 의외로 이런 결과가 나와서 놀랍기도 했고 뿌듯하기도 했다.

12. 참고 문헌

실험하면서 참고했던 책이나 인터넷 사이트, 비디오나 잡지를 적어주시면 됨.

(책은 이름과 저자 출판사, 인터넷은 웹사이트 주소)

– 자료 출처 : 서울 강남구 대치동 대청중학교 –

그러면 이제 예제로 울 아들이 예전에 썼던 과학실험 보고서를 소개하도록 하지. 쌤의 책에 부착된 마그네슘리본으로 실험할 수 있는 것이란다.

과학 실험보고서

배현준

☆ 현준이와 함께하는 마그네슘 태우기

안녕하세요? 배현준입니다. 이번 실험 보고서는 마그네슘 태우기에 대하여 썼습니다.

우선 준비물은……

1. 마그네슘 리본	2. 집게	3. 알코올램프, 가스레인지 등
4. 페놀프탈레인 용액	5. 전류계	6. 샬레
7. 비커와 물	8. 카메라와 컴퓨터	9. 건전지

실험 방법은……

1. 알코올램프에 불을 붙인다.

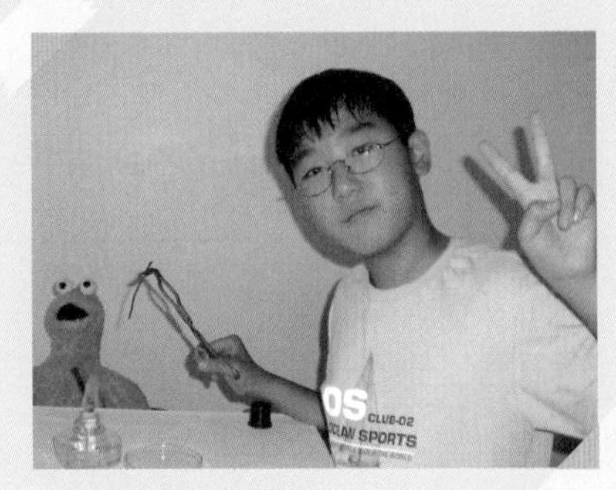

이렇게 불붙이고 준비중

2. 형광등을 끄고 마그네슘에 불을 붙인다.

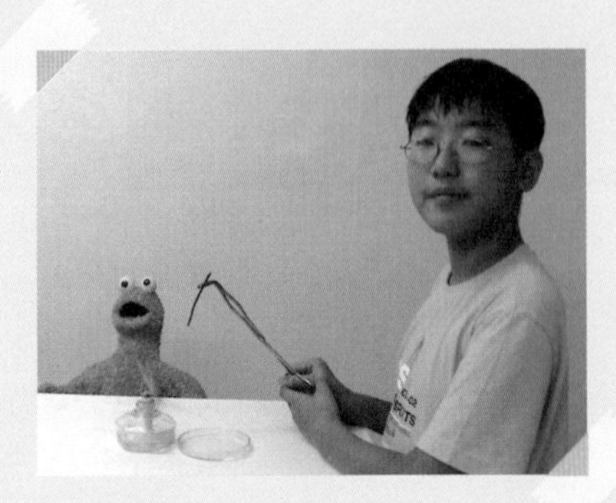

태우는 중

3. 태우다 보면 이렇게 된다.

와아~ 밝게 빛나는 마그네슘 그리고 놀라는 쿠키몬스터

결과 : 여기서 우리는 마그네슘을 태우면 빛이 난다는 사실을 알 수 있다.
그리고 마그네슘이 이렇게 밝게 타는 것을 이용하여 어두운 곳을 환하게 밝히는 조명탄 등을 만들고, 또 불꽃놀이에도 이용한다고 한다.

4. 탄 재는 미리 준비해 둔 샬레에 담는다. (꼭! 그래야만 한다.)

이렇게

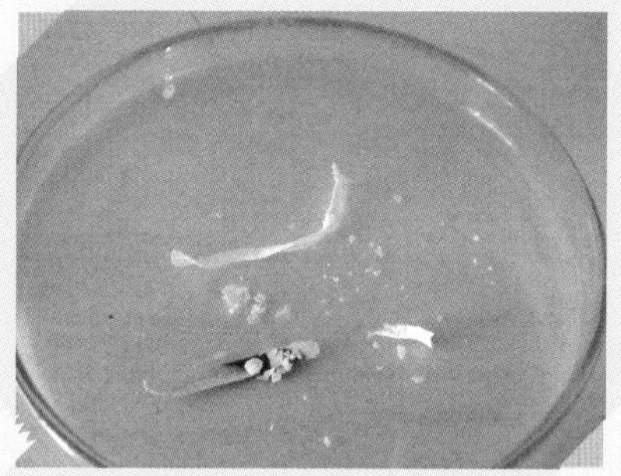

샬레에 남은 마그네슘의 하얀 재

여기서 이 재를 산화마그네슘이라고 한다.(타면서 산소가 가서 화합했으므로)

그 다음 이 재들을 가지고 여러 가지 실험을 할 수 있다.

5. 첫 번째부터 하겠다.

우선 이 재가 되기 전의 마그네슘을 전류계에 재어본다.

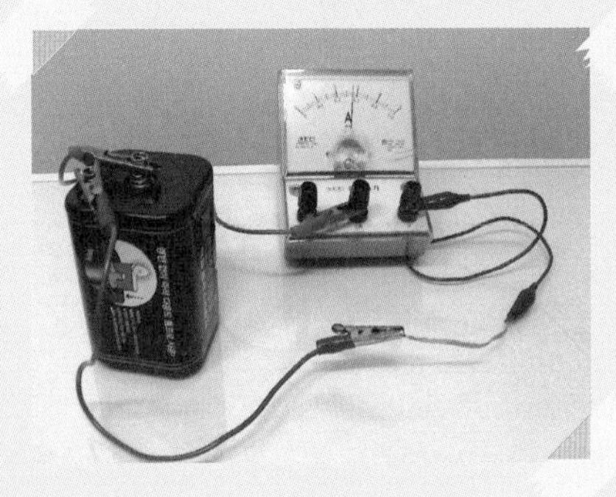

잘 보면 약 2.7A(암페어라고 읽는 전류의 단위) 정도인 것을 알 수 있다.

6. 이번엔 산화마그네슘이 된 재의 전류를 재어본다.

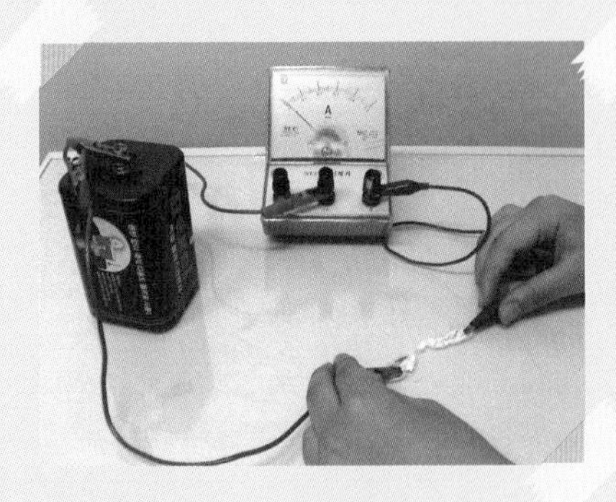

흐음– zero(0) A

결과 : 여기서 우리는 마그네슘은 전류가 흐르지만 산화마그네슘은 전류가 흐르지 않는다는 것을 알 수 있다.

이번에는 두 번째 실험으로 넘어 가겠다.

7. 우선 산화마그네슘(재)에 물을 붓는다.

물을 부은 재와 물과 알코올램프

8. 그리고 이곳에 페놀프탈레인을 스포이드로 떨어드린다.

떨어뜨린 후

페놀프탈레인

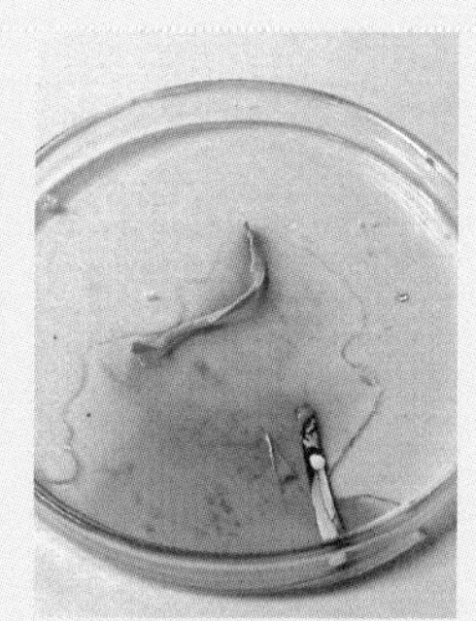

자세히 보면 이렇다.

결과 : 산화마그네슘은 물에 녹으면서 염기성 물질이 된다고 한다. 그래서 염기성을 알려주는 페놀프탈레인 용액을 떨어뜨리니 붉은색으로 변하였다.

빨갛게 변한 산화마그네슘을 보고 놀란 쿠키몬스터

잠깐 끝내기 전 주의사항이 있는데……

1. 알코올램프나 마그네슘에 불을 붙일 때는 어른과 함께 해야 한다.

2. 재가 만약 방바닥에 떨어지면 방바닥이 탄다. 장판에 구멍이 뻥~ 뚫려버린다.

마지막으로 쿠키 몬스터와 찰칵~

〈pH 시험지〉

* pH는 수소 이온 몰 농도의 역수의 상용로그 값

$$pH= -\log[H^+]$$

그러므로 산이 이온화해서 나오는 수소 이온이 많으면 pH 값이 오히려 작아진단다. 핫! 하지만 아직 로그를 모르는 고 1 이하 제자들은 그냥 이렇게만 알면 된단다. 'pH 값이 작으면 작을수록 더 산성' 이라고 말이다.

pH 0 ——— pH 7 ——— pH 14

산성 ← **중성** → 염기성

자~ 그럼 집에서 쉽게 구할 수 있는 여러 가지 물질들은 어떤 pH 값을 가지는지 pH 시험지로 한번 간단한 실험을 해볼까? pH 시험지의 일부를 물에 적신 다음에 아래의 색상 표와 비교해 보면 된단다. 집에서 쉽게 구할 수 있는 산과 염기는 다양하단다.

① 산성

일단 산이면서 pH가 7 이하인 물질에는 식초와 탄산음료(사이다, 콜라, 환타, 데미소다 등등 좋아하는 걸로 골라 봐), 오렌지 주스, 여러 가지 과일즙 등이 있단다. 에, 또 우리 위 속의 위액도 심한 산성이란다. pH 2 정도 되지.

핫! 조금 지저분하긴 하구나.
쌤이 뭘 좀 잘못 먹어서 토하게 되었걸랑.
샬레에 담아서 바로 pH를 재어 보았단다.
정말 진한 붉은색으로 변하는 거 보이지?
위액 속의 염산 때문에 pH 2임을 확인!
이 실험은 절대 일부러 따라 하지는 말길.

② 중성

중성인 물질은 일단 물(water)이겠지. 그리고 우리 입 속의 침도 중성이란다. 침의 pH 값은 7!

③ 염기성

염기이면서 pH가 7 이상인 물질로는 비누가 있단다. 그중에서도 빨랫비누를 들 수 있지. 세숫비누도 대부분 염기성인데 도브 비누는 중성이란다. 진짜 중성인지 확인하는 건 좋아~. 그리고 '트래펑' 같은 배관 세척제는 강염기의 일종인 수산화나트륨이 3%나 들어 있기 때문에 무진장 염기성. pH 14 정도 된단다. 욕실의 하수구가 막힐 땐 대체로 머리카락 때문이란다. 머리카락은 단백질로 구성되어 있는데, 이 단백질을 녹이는 성질을 가진 것이 바로 염기성 물질이지. 그래서 배관 세척제는 강한 염기성인 수산화나트륨이 주성분이란다. 참, 트래펑에 넣는 순간 바로 색깔을 확인하길! 조금만 지나면 표백 효과 때문에 pH 시험지의 색깔이 하얗게 변해 버리거든.

보통 종이와는 비교도 할 수 없을 만큼 비싼 이 pH 시험지를 이용해 집에서 구할 수 있는 여러 가지 산, 염기로 직접 실험을 한번 해보길. 혹시 귀찮아서 도저히 못하겠으면 침이라도 묻혀 보도록! 침의 pH가 7이란 것을 확인하는 것도 대단히 중요한 실험이란다. 침 속의 소화 효소인 아밀라아제는 pH 7에서 잘 작용하거든. 과학은 백문이 불여일견(百聞이 不如一見)! 꼭 한번 해보길!

〈마그네슘 리본〉

1. 마그네슘 연소 실험

간단히 그냥 태워 버리는 거지. 일명 '마그네슘의 산화 실험!' 뭐든지 타려면 산소가 필요하거든. 마그네슘을 태울 때도 산소가 와서 화합을 하는 거니까. 바로 이 반응을 관찰하게 되는 거란다.

마그네슘 + 산소 → 산화마그네슘

금속이 탄다고요? 음, 탄단다. 아주 화려한 형광색의 흰빛을 내면서 타지. 눈이 아플 정도로 세상이 환해진단다. 조명탄과 불꽃놀이의 하얀 섬광은 바로 마그네슘의 산화 반응을 이용한 거란다. 다 타고 나면 하얀색의 산화마그네슘이 된 것을 볼 수 있지.

핫! 이 실험은 주의 사항을 꼭 지켜야 된단다. 반드시! 반드시!

1. 태울 때 나무젓가락은 절대 안 된단다. 반드시 쇠로 된 집게나 핀셋으로 마그네슘 리본을 꽉 잡고서 마그네슘 리본의 뾰족하게 잘린 부분을 부엌의 가스레인지 불꽃에 갖다 대면 끝 부분부터 불이 붙는단다. 이때 마그네슘 리본이 몸과 눈에서 되도록 멀리 위치하도록 손을 뻗어서 태우고, 반드시 사기 접시나 유리그릇같이 불이 붙지 않는 것을 아래에 받쳐 놓고 태우거나 아니면 가스레인지 위에서 그대로 태우길! 타다가 불이 붙은 상태에서 마그네슘 리본이 바닥에 떨어질 수도 있단다. 가능하면 보안경을 쓰고 실험을 하면 더욱 좋겠구나. 안경을 쓴 학생이면 OK.

2. 주변에 쉽게 불이 붙는 것은 모두 치울 것. 예를 들어 최은정 쌤의 이 책! 마그네슘 리본을 태우다가 불나면 절대 안 되니까 주의 사항을 꼭 지키길!

사실 무척 간단하지만 어쨌든 태우는 실험은 무조건 위험하니 실험 시에 주의하고 또 주의할 것!

태우는 실험 준비.

태우는 실험과정.

환하게 타는 마그네슘.

2. 마그네슘과 식초의 환상적 반응

자~ 그럼 또 한 가지, 마그네슘으로 할 수 있는 실험을 해볼까? 이번 실험은 '산+금속' 의 반응인데, 마그네슘 리본을 염산처럼 강한 산에 넣으면 수소 기체가 미친 듯이 마구 발생한단다. 발생하는 수소 기체에 불이 붙으면 '삐욕~' 하고 폭발하지. 수소는 가연성 기체이기 때문에 수소에 불이 붙으면서 작은 폭발이 일어나는 거란다.

에, 그런데 염산이 있는 집은 좀 드물지? 흠흠….

그렇다면 역시 산의 일종인 식초(아세트산 수용액이거든)에 마그네슘 리본을 넣으면 염산과의 반응보다는 사뭇 덜 격렬하지만, 그래도 뽀글뽀글 수소가 발생하는 것을 관찰할 수 있단다. 요즘은 슈퍼에 가 보면 2배 식초라고 해서 일반 식초보다 농도가 2배 더 높은 식초를 판매하는데, 그것으로 실험하면 반응은 더욱 격렬! 와우~^^ 이른바 키친 사이언스네!!

마그네슘 + 식초 → 수소 발생 ↑

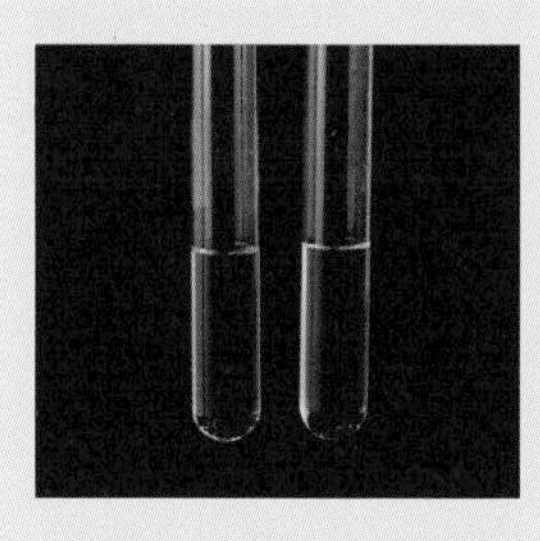

실험 준비.

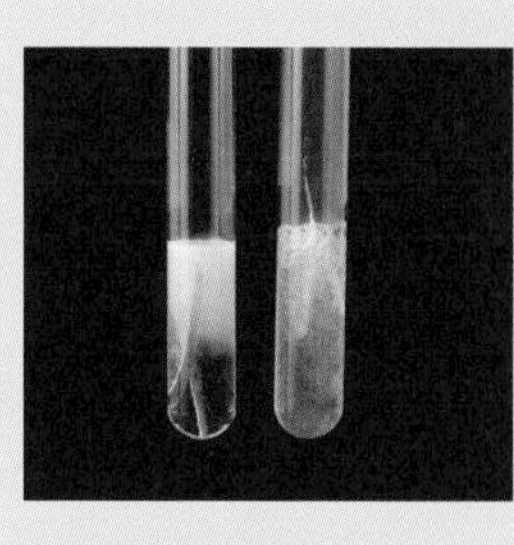

마그네슘과 염산과의 반응.

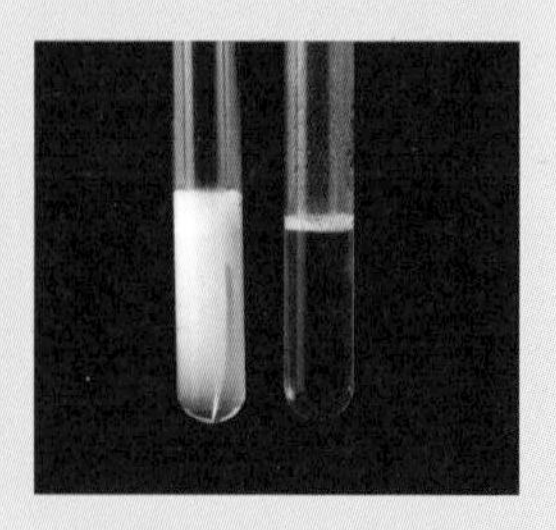

마그네슘과 식초와의 반응.

자~ 그러면 쌤이 얘기한 주의 사항을 잘 지키면서 실험을 열심히 하길!